제2판

Excel을 활용한 제약통계학

김동욱 · 김유철 · 김경순 지음

자유아카데미

머리말

오늘날 통계학의 중요성은 점차 증가하고 있다. 통계학은 화학, 물리, 생물 등의 자연과학 분야뿐만 아니라, 공학, 의학 등 이공계 학문 분야까지 널리 사용되며 큰 비중을 차지하고 있다. 또한 정치학, 심리학 등의 사회과학 분야에서도 그 중요성이 점차 높아지고 있다.

통계는 크게 모집단과 표본 두 가지에 대한 분석으로 설명할 수 있다. 모집단은 조사하고자 하는 집단 전체이다. 따라서 우리는 모집단의 특성을 분석하여 원하는 결과들을 얻어낼 수 있다. 다만 모집단이 너무 큰 경우에는 모집단에서 표본을 추출하여 조사하는 방법도 있다. 이러한 표본추출은 현대 통계학에서 매우 중요시되는 부분이다. 통계가 추구하는 것은 과학적 객관적 정보의 분석이다. 이를 위해서는 표본이 모집단을 대표할 수 있도록 선정되어야 하고, 표본 또한 논리에 맞게 올바르게 분석되어야 한다.

제약산업은 21세기 현대과학의 중심이라고 할 정도로 전망이 밝은 분야이며 많은 고용이 창출되는 핵심 산업이다. 제약산업에서도 생산관리, 품질관리, 임상시험 등 많은 분야에서 통계학이 사용되고 있다.

본 교재는 저자가 인제대 제약공학과에서 제약통계 과목을 개설한 후 10년 이상 강의한 자료를 바탕으로 집필되었다. 시중에 많은 통계 서적들이 나와 있으나 다소 아쉬운 점이 있었던 것은 사실이다. 일부 교재는 통계적 이론 설명 없이 바로 엑셀을 사용하는 것도 있고, 또 어떤 교재는 수학적 접근이 너무 많아서 학생들의 이해가 어려운 경우도 있었다.

따라서 본 교재는 학생들이 쉽게 이해할 수 있도록 수학적 접근을 최대한 배제하고 예제와 연습문제를 통해 해당 부분에서 배운 것을 바로 확인하고 체득할 수 있도록 구성하였다. 또한 장의 말미에 통계, 수학 및 의약품에 대한 재미있는 이야기들을 각 장의 끝에 배치하여 공부를 하다가 쉬어갈 수 있도록 하였다.

이번 제2판에서는 초판의 오류를 수정하였고, 엑셀 부분을 상당히 보완하였다. 이 책의 1~4장은 모집단의 특성 분석에 해당되며 5장은 표본추출, 6~9장은 표본분석을 통한 모집단의 추정에 해당된다. 10장은 제약산업의 품질관리 및 실험계획법을 다루었고 마지막 11장은 제약산업의 꽃인 임상시험의 통계법에 대해 소개하고 있다.

좋은 책을 위해 최선을 다했지만, 부족한 부분이 있을 수 있다. 이 점은 양해를 바라며 출간 후에 나올 수 있는 수정사항 등은 자유아카데미 홈페이지(www.freeaca.com) 자료실에 제공할 예정이니 참고하기를 바란다.

이 책을 통하여 제약산업에 반드시 요구되는 통계적 지식의 기초를 단단히 쌓을 수 있기를 바라며, 제약공학과 이외에도 생물공학과, 화학공학과 등의 이공계 학생들이 통계학을 공부하는 데 큰 도움이 되리라 생각한다. 끝으로, 엑셀의 응용 부분을 집필해 주신 김유철 교수님, 11장을 집필해 주신 김경순 교수님, 그리고 책을 출간하는 데 도움을 준 자유아카데미 관계자 여러분께 감사의 마음을 전하는 바이다.

2021년 8월

김동욱

목 차

제7장 t 분포 가설검정

제8장 변량분석

제9장 비모수검정

제10장 품질관리 및 실험계획법

제11장 임상통계

제 1 장

통계의 목적과 기본용어

1.1 기본용어

통계(statistics)는 그 목적에 따라 2가지로 분류가 가능하다. 첫 번째는 모집단 또는 표본 자체의 자료를 분석하는 것이며, 두 번째는 표본의 자료를 이용하여 모집단의 성격을 추정하는 것이다. 여기에는 가설검정과 모집단의 추정을 포함한다.

모집단(population)은 분석하고자 하는 자료 전부를 뜻한다. 이것은 한 반의 재학생 수와 같이 작은 수도 되고 때로는 특정 대학의 학생 수와 같이 수만 명에서 대한민국 전 국민과 같이 50,000,000과 같은 매우 방대한 수가 될 수도 있다. 모집단이 작은 경우에는 분석 시 별도의 규칙이 없는 한 전체 자료를 이용하여 분석할 수 있다. 이를 전수조사라 하며 가장 정확한 통계자료를 얻을 수 있다. 자료의 분석에서 가장 중요한 것은 대푯값과 분산이다. 대푯값은 전 모집단을 하나의 숫자로 표시하는 것으로 평균(average)이 가장 널리 사용되고 있다. 분산(distribution)은 모집단 값들의 분포가 얼마나 퍼져 있는지를 나타내는 표시이다. 같은 평균을 가지고 있더라도 분산이 다르면 그 집단의 의미가 달라질 수 있다. 분산을 나타내는 대표적인 값으로 표준편차가 있다. 그림 1.1은 같은 평균이지만 분산이 다른 집단의 모습을 보여 준다.

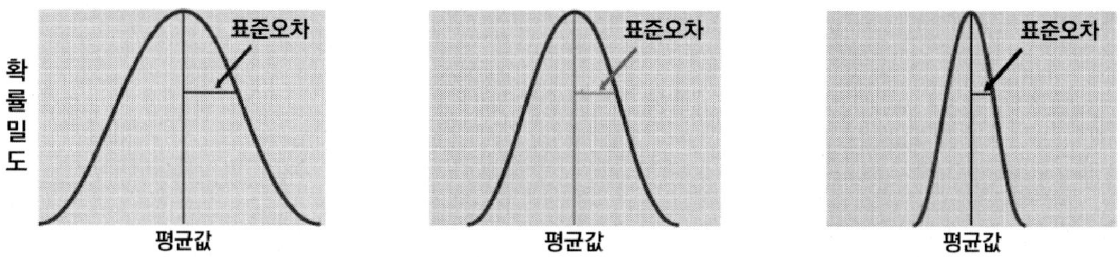

그림 1.1 평균은 같지만 분산이 다른 집단의 모습

모집단은 그 수가 수백 개를 넘어서면 모집단 전체를 이용하여 분석하는 데 시간과 경비가 너무 많이 소요된다. 이런 경우에 표본(sample)을 사용하게 된다. 통계에서는 많은 수학적 기호가 사용되는데, 모집단과 표본을 구분하는 것이 필요하다. 모집단은 그리스 문자로 표시되고, 표본은 보통 영어 알파벳으로 나타낸다. 모집단의 평균은 그리스 문자 μ(뮤)로 나타내며, 표준편차 역시 그리스 문자 σ(시그마)로 표시된다. 표본의 경우에는 평균을 $\overline{x}$, 표준편차를 s로 표시한다.

표본에서 중요한 점은 표본의 값들이 모집단을 대표할 수 있어야 된다는 것이다. 모집단에서 표본을 뽑아내는 것을 추출(sampling)이라고 한다. 표본이 모집단을 대표하지 못하면 그것에 기초한 분석은 엉뚱한 결과를 낳고 그릇된 정보와 판단에 이르게 된다. 때로는 의도적으로 표본을 특정 목적에 맞게 수집하는 경우가 있는데, 이는 정보의 왜곡을 초래하기 때문에 반드시 피해야 된다.

표본의 정보를 이용하여 모집단의 값을 추측하는 것을 추정(estimation)이라고 한다. 추정에는 정확한 하나의 값을 제시하는 점추정과 범위를 제시하는 구간추정이 있다. 가설검정(hypothesis test)은 특정 통계함수를 이용하여 표본을 분석하고 이를 이용하여 모집단의 특성, 또는 가설(hypothesis)을 검정하는 방법이다. 모집단, 표본, 추출, 추정 등의 모식도를 그림 1.2에 나타내었다.

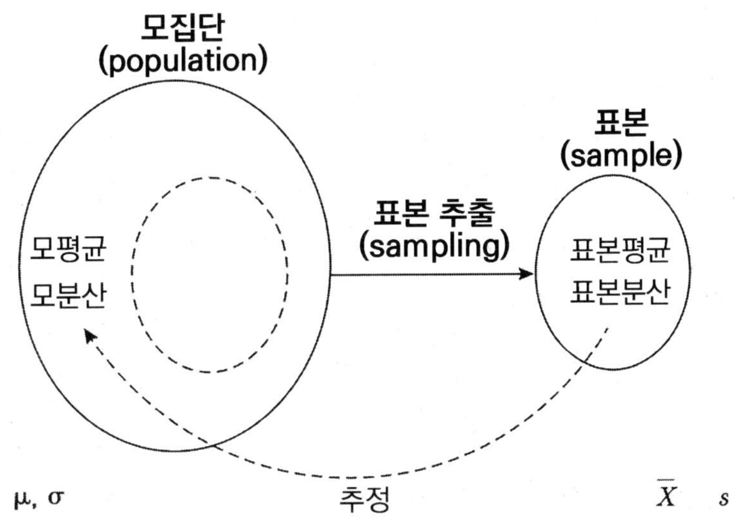

그림 1.2 모집단, 표본, 추출, 추정 및 가설검정을 나타내는 다이어그램

통계에서 흔히 간과하기 쉬우나 절대로 잊지 말아야 하는 것은 "모든 통계치는 숫자로 표시된다"는 점이다. 통계치가 숫자로 표시되지 못하면 그 자료를 분석할 수 없다는 점을 반드시 염두에 두어야 한다. 숫자는 여러가지로 분류될 수 있으며 연속변인과 불연속변인으로 나눌 수 있다. 불연속변인은 1, 2, 3 등의 숫자를 말한다. 당연한 말이지만 1과 2 사이에는 무수히 많은 수가 있을 수 있다(1.0, 1.1, 1.2 ...). 또한 1.0과 1.1 사이에도 역시 무한한 수가 있다(1.00, 1.01, 1.02 ...). 예를 들면 2라는 숫자가 대표하는 범위는

(1.5000000....1~2.4999999...9)이다. 여기서 (1.5000000....1~2.4999999...9)의 값들이 연속변인이며 이것은 불연속변인인 2로 표시된다. 통계에서는 연속변인이 숫자로 표시될 때 불연속변인으로 나타내어진다. 이것을 소수점 한 자릿수로 짧게 요약하면 2는 1.5 ~ 2.5의 값을 대표한다고 말할 수 있다. 우리는 흔히 반올림하여 2는 1.6 ~ 2.4를 대표한다고 알고 있는데 이것은 엄밀히 말하면 잘못된 표현이다. 2가 대표하는 범위 중 1.500000...1이 정확하한계이며, 2.49999...9가 정확상한계이다. 이 값들은 소수점 한 자릿수로 한정할 때 2는 정확하한계 1.5와 정확상한계 2.5 사이의 값들을 대표한다고 말한다.

1.2 측정치의 종류

통계분석 시 측정치의 종류는 흔히 명명척도, 서열척도, 등간척도와 비율척도의 4가지로 분류된다. 이중 명명척도와 서열척도는 질적 자료로 등간척도와 비율척도는 양적 자료로 분류된다. 명명척도는 x축의 값들이 항목(유목)으로 표시된 경우이며 y축은 빈도로 표시된다. 그림 1.3은 2019년 기준 제약회사의 매출액 기준 세계 1~10위 회사를 보여 준다. 참고로 1위는 미국의 제약회사 화이자(Pfizer)이며 매출액은 537억 달러(2020년 기준 한화 약 66조 원)이다.

(단위: 10억 달러)

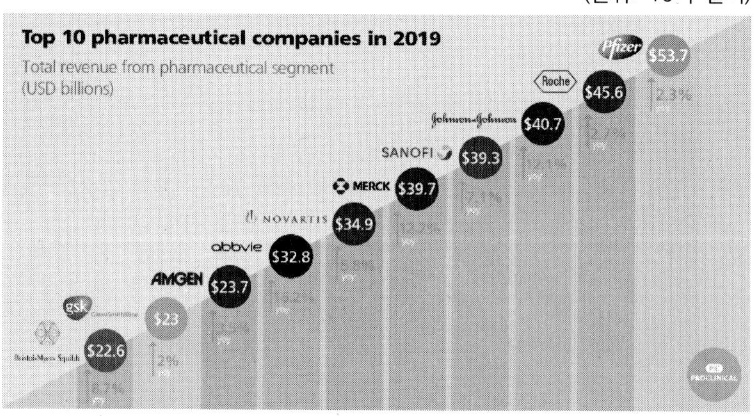

그림 1.3 2019년 제약회사 매출 세계 순위
출처: PHARTOONZ

서열척도는 각 항목의 순위를 나타내는 측정치이다. 물론 순위에는 측정값이 포함되며 이를 이용하여 순서를 매긴다. 생각보다 많은 일들이 순위에 따라 결정된다. 예를 들면 대학의 성적장학금은 상위 20%까지 제공한다든지, A 학점은 상위 30%까지라든지 하는 것들이다. 또한 각종 스포츠경기에서 플레이오프 진출팀을 결정하는 것도 서열척도라고 할 수 있다. 다음은 프로야구 2020년 정규시즌 종료 후 각 팀의 성적을 순서대로 나열한 것이다. 물론 상위 5팀만이 플레이오프에 진출하는 자격이 생긴다.

순위	팀명	경기	승	패	무	승률	게임차
1	NC	144	83	55	6	0.601	0
2	두산	144	79	61	4	0.564	5
3	KT	144	81	62	1	0.566	4.5
4	LG	144	79	61	4	0.564	5
5	키움	144	80	63	1	0.559	5.5
6	KIA	144	73	71	0	0.507	13
7	롯데	144	71	72	1	0.497	14.5
8	삼성	144	64	75	5	0.460	19.5
9	SK	144	51	92	1	0.357	34.5
10	한화	144	46	95	3	0.326	38.5

그림 1.4 프로야구 2020년 정규시즌 종료 후 각 팀의 순위
출처: KBO 홈페이지

등간척도는 각 항목별로 점수가 있어서 그 크기를 측정할 수 있으나 절대 기준점이 없는 측정치이다. 예를 들어 화장품을 이용한 후 그 사용감을 1(가장 나쁨) ~ 5(가장 좋음)의 값으로 나타내고자 할 때의 경우들이다. 이 경우 각 제품들에는 수치가 결정되어서 특정 화장품이 다른 화장품보다 사용감이 우수하다고 말할 수 있지만, 절대적인 기준점이 없어서 4점을 받은 제품이 2점을 받은 제품보다 2배 더 우수하다고 말할 수 없다.

비율척도 또한 등간척도와 유사하게 각 유목에 대해 점수가 있으나 이것은 절대적 기준점이 있다. 예를 들면 길이, 무게, 시간, 농도는 미터, 그램, 초, 몰로 나타내는데 이들은 모두 절대적인 기준값들이 정의되어 있다. 따라서 "2미터는 1미터보다 2배 더 길다"라고 분명히 말할 수 있다.

1.3 그래프와 표

통계에서는 숫자로 된 자료를 취합하여 그래프나 표로 알기 쉽게 표시하는 것이 매우 중요하다. 단지 숫자만 나열할 경우 자료로부터 의미 있는 정보를 얻기 어려울 수도 있다. 그러나 그래프로 표현하면 과거의 사건이나 앞으로의 추세를 매우 쉽게 파악할 수 있다. 그래프로 표시하는 것 중에는 각 자료를 선으로 이은 것을 절선형도표라고 하며 막대그래프로 표시한 것을 히스토그램(histogram)이라고 한다.

통계학에서는 일반적으로 점수를 x, 빈도를 f(frequency), 총빈도(총합계)를 N, 비율을 p(proportion), 백분율을 %(percentage)로 표시하며 이들의 관계식은 다음과 같다.

$$p = f/N \tag{1.1}$$

$$\% = (f/N) \times 100 \tag{1.2}$$

예를 들어 그림 1.5는 한국원화(Korean Won, KRW)와 미국 달러화(US Dollar, USD)의 40년간(1981~2020) 가치변동을 보여 준다. 이 그래프에서 가로축은 연도를, 세로축은 1달러당 원화의 환율을 보여 준다. 그림 1.5에서 우선 2개의 높은 피크가 눈에 들어온다. 첫 번째는 1997~1998년의 외환위기사태(IMF 사태)이며, 두 번째는 2008~2009년의 미국 서브프라임 사건의 여파로 아시아금융위기가 도래한 상황이다. 이처럼 통계자료를 그래프로 잘 표시하면 상황을 한눈에 파악할 수 있는 장점이 있다.

그림 1.5 1981 ~ 2020년간 원-달러 환율의 변화
출처: investing.com

그림 1.6은 세계의약품 시장규모를 잘 보여 준다. 그림에서도 명확히 나타나지만 제약업은 2000년대의 최고 산업이라 할 수 있다. 왜냐하면 전 지구의 보편적인 현상인 고령화 등으로 인하여 제약업의 매출은 매년 급성장하고 있고, 최근 신종코로나 사태 등에서 보듯이 새로운 전염성 질환의 출현가능성이 점차 높아지고 있기 때문이다.

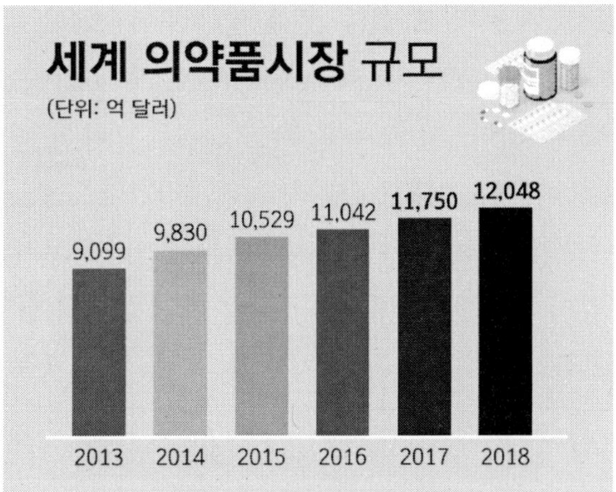

그림 1.6 세계의약품 시장규모
출처: 한국제약바이오협회

표는 박스 형태의 칸에 숫자가 들어 있는 형식이다. 그래프는 전체적인 경향을 알기에는 적합하지만 구체적인 숫자나 엄밀한 자료의 분석에는 다소 미흡한 점이 있다. 표는 대체로 제일 위쪽 가로 방향이 항목을 나타내며 세로가 숫자로 표시된다. 빈도분포표는 단일숫자로 표시될 수도 있고, 집단빈도 분포표로 나타낼 수도 있다. 표 1.1에 집단빈도 분포표의 예시를 나타내었다.

표 1.1 집단빈도 분포표의 예시

점수(x)	빈도(f)	누적빈도(cf)	비율(p)	%
31 - 40	10	50	0.2	20
21 - 30	15	40	0.3	30
11 - 20	20	25	0.4	40
0 - 10	5	5	0.1	10
총계	50		1.0	100

1.4 Excel을 이용한 그래프 그리기

Excel은 MicroSoft 사에서 개발한 업무용 프로그램으로 일반기업, 대학 등에서 매우 널리 사용되고 있다. 따라서 학생들이 Excel의 사용에 익숙하면 취업에 큰 도움이 되며 자격증 취득 프로그램도 있는 것으로 알고 있다. 현재 많은 통계 소프트웨어가 개발되어 다양한 통계업무 처리에 활용되고 있다. 그러나 이들 중 상당한 범위에서는 업무가 간단한 Excel을 이용하여 쉽게 계산할 수 있다. 본 교재에서는 Excel을 이용한 여러 기능을 쉽게 소개하고자 한다. 우선 Excel을 이용한 그래프 그리기부터 시작한다. Excel 프로그램을 작동시키면 아래와 같은 가로 세로의 블록들이 나타난다. 여기에 연습으로 키와 체중에 대해 몇 가지 자료를 그림 1.7과 같이 입력한다. 이어서 Excel 화면 상단의 삽입-차트-분산형을 실행하면 아래와 같은 그래프를 그릴 수 있다. 이어서 축 제목, 차트 제목 등을 적절히 입력하고 추세선을 실행한다.

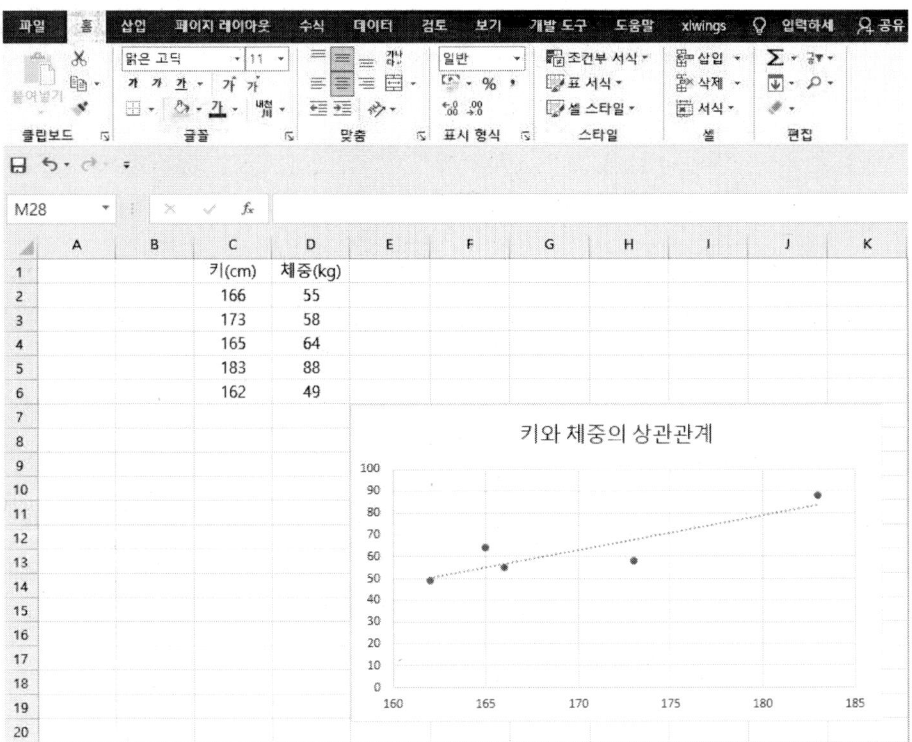

그림 1.7 엑셀을 이용한 그래프 그리기

연습문제

1 5, 5.0, 5.00, 5.000이 나타내는 정확하한계와 정확상한계는 얼마인가?

2 세계 매출액기준 상위 10개 의약품명은 무엇인가?

3 명명척도, 서열척도, 등간척도와 비율척도의 예를 하나씩 드시오.

4 다음의 자료가 있을 때 엑셀을 이용하여 그래프를 그리시오.

	A	B	C
1	사람	체중 KG	
2		54	
3		69	
4		59	
5		49	
6		76	
7		55	
8		66	
9		88	
10		45	
11		50	

환율 이야기

환율이란 한 통화(돈)에 대한 다른 통화의 가치를 의미하며 보통 국제 기준통화인 미국 달러화($)에 대한 각국의 통화의 비를 의미한다. 본 교재를 집필 중인 2020년 3월말 현재 1$는 1,230원의 가치를 나타내고 있다. 기업의 가치는 증권시장에 상장된 회사의 경우 주가× 주식 수로 가치를 평가한다. 따라서 주가는 그 기업의 얼굴이며 현재의 기업 가치뿐만 아니라 미래의 잠재력 또한 포함된다고 평가한다.

국가도 국제 금융시장에서는 기업과 비슷하게 평가된다. 주가가 그 기업의 가치라면 통화의 가치는 그 나라의 평가지표라고 할 수 있다. 국제 금융시장에서 기본통화(기축통화)는 단연 미국 달러화(US Dollar, USD)이다. 많은 강대국들이 자국의 화폐를 기축통화로 만들고자 하지만 현재 국제적으로 인정되는 기축통화는 사실상 미국 달러화가 유일하다. 이러한 이유는 여러 가지가 있겠으나 큰 원인으로는 미국이 세계에서 가장 큰 경제규모를 자랑하고 무엇보다도 미국 달러화에 대한 국제적 신뢰가 오랜 세월을 거치면서 쌓였기에 가능한 일이다. 이외에 국제적으로 준 기축통화로 인정되는 화폐들은 유로화(Euro, EUR), 일본의 엔화(Yen, JPY), 영국의 파운드화(Pound, GBP)가 대표적이고 캐나다 달러, 호주 달러, 스위스 프랑, 중국 위안화도 그 가치를 인정받고 있다.

그러면 한국원화(Korean Won, KRW)는 어떨까? 우리에게는 뼈아픈 교훈이 된 1997년 IMF 사태도 사실 근본적으로 보면 환율과 관계된 이야기이다. 전문가들의 의견에 따르면 한국의 원화 가치가 너무 높게 평가된 데다 국내의 외국자본이 한꺼번에 빠져나가면서 달러가 부족하게 되어 기업부도 등 엄청난 경제적 위기를 초래한 결과 수많은 실업자들이 생기게 되었다. 이 사태는 한국인들에게 외환과 환율의 중요성을 생생하게 느끼게 하였다. 그 이후 한국은 빠르게 구조조정을 하여 비교적 경쟁력이 없는 기업은 문을 닫고 새로운 산업이 시작되기도 하였으며, 외환보유액을 늘려 현재는 4,000억 달러에 이르게 되었다.

2020년 3월 현재 신종 코로나 사태로 또 다시 전 세계에 경제위기가 도래할지도 모른다는 경고가 이어지고 있다. 그러나 이 교재를 집필하는 현재 아직까지 원화는 달러, 유로, 엔화 등 국제 통화들과의 외환거래에서 선방하고 있다. 한국 원화의 가치는 이미 어느 정도 국제적으로 인정받고 있으며 런던, 뉴욕 등의 국제금융시장에서 활발히 거래되고 있다. 한국 경제의 역동성을 보았을 때 머지않아 원화가 세계의 준기축통화로서 당당히 인정되는 날이 올 것으로 확신한다.

제 2 장

대푯값과 산포도

2.1 대푯값

특정 집단의 자료를 하나의 값으로 나타내는 것을 대푯값이라고 한다. 대푯값들도 여러 종류가 있으며, 이 중에서 최빈치, 중앙치, 그리고 평균이 가장 널리 사용된다. 최빈치(mode)는 자료 중에서 가장 높은 빈도를 나타내는 항목이다. 예를 들어 학생의 출신 고등학교 위치를 나타내면 다음과 같은 표가 만들어진다. 이런 경우 학생들의 대표 출신 지역은 부산이다. 최빈치는 인기도, 여론조사 등에서 널리 이용되고 있다.

표 2.1 OO대학 입학생의 출신 지역 분포

출신 지역	부산	경남	경북	전남
학생 수	15	13	7	5

중앙치(median)는 항목의 점수들을 순서대로 나열했을 때 정확히 50%에 해당하는 값을 말한다. 중앙치에는 몇 가지 경우의 수가 있는데 계산하는 방법이 각각 다르기 때문에 잘 알고 있어야 한다. 첫 번째로 항목의 수가 홀수인 경우에는 가운데 값이 중앙치이다. 예를 들어 1, 3, 4, 6, 10의 자료가 있는 경우 중앙치는 가운데 위치인 4이다. 두 번째는 자료가 짝수인 경우인데 이때는 가운데 두 값을 평균한 것이 중앙치이다. 예를 들면 1, 2, 3, 4, 6, 10의 자료가 있는 경우 자료는 짝수이며 따라서 가운데 두 값은 3과 4이므로 중앙치는 $(3+4)/2=3.5$가 된다. 그 외 다른 복잡한 경우가 있을 수 있는데 그 경우에는 중앙치가 아래에서 정확히 50%라는 점을 고려하여 보간법으로 계산할 수 있다.

자료의 분석에서 중앙치가 자주 사용되는 몇 가지 경우는 다음과 같다. 첫 번째, 자료에서 극단적인 점수가 있는 경우이다. 예를 들면 {1, 2, 4, 6, 10}과 {1, 2, 4, 6, 30}이라는 자료에서 두 자료 모두 중앙치가 4이다. 즉 중앙치는 극단의 점수를 배제하는 장점이 있다. 두 번째, OO 이상이라는 개방된 통계자료를 사용하는 경우이다. 표 2.2 신체활동 실천율 및 비만유병률과 같이 70세 이상으로 나와 있을 때 그 항목의 정확한 값들을 계산할 수 없기 때문에 평균치를 구할 수 없다. 이런 경우에도 중앙치를 활용하면 정확한 값으로 계산할 수 있다는 장점이 있다.

표 2.2 신체활동 실천율 및 비만유병률
(출처: 2017 한국의 사회지표, 통계청자료)

(단위: %)

	신체활동 실천율			비만 유병률		
	전체	남자	여자	전체	남자	여자
2014	57.1	61.6	52.8	31.5	37.7	25.3
2015	51.0	54.7	47.5	34.1	39.6	28.8
2016	47.8	51.3	44.3	35.5	41.8	29.2
19 ~ 29세	61.9	66.9	56.4	27.2	38.8	13.8
30 ~ 39세	49.1	50.7	47.4	34.2	45.4	21.7
40 ~ 49세	47.9	50.7	45.0	39.0	49.0	28.7
50 ~ 59세	45.4	44.7	46.0	36.1	39.7	32.5
60 ~ 69세	45.8	50.9	41.0	40.2	39.7	40.7
70세 이상	28.5	35.6	23.9	37.5	30.3	42.2

자료: 질병관리본부, 「2016 국민건강통계 국민건강영양조사」
주: 1) 유산소 신체활동 실천율을 의미하며 일주일에 중강도 신체활동을 2시간 30분 이상 또는 고강도 신체활동을 1시간 15분 이상 또는 중강도와 고강도 신체활동을 섞어서(고강도 1분은 중강도 2분) 각 활동에 상당하는 시간을 실천한 분율
2) 체질량지수(kg/m2) 25 이상인 분율

평균치는 특정 집단을 대표하는 데 가장 널리 사용되는 대푯값이다. 평균치(μ)는 전체 값의 총합계(Σx)를 개체수(N)로 나누어 계산된다.

$$\mu = \frac{\Sigma x}{N} \tag{2.1}$$

평균치의 계산에서 주의할 점은 두 개 이상의 자료들을 포함할 때이다. 이때는 각 자료의 평균치를 합산하여 평균하는 것이 아니고 개별자료 전부에 대해 합산을 하고 전체 자료수로 나누어야 된다. 이를 가중평균치라고 한다.

예제 2.1

{1, 3, 3, 4, 6, 8, 9, 10} 의 자료가 있을 때 최빈치, 중앙치, 평균치를 구하시오.

최빈치: 3

중앙치: (4+6)/2 =5

평균치: 44/8 = 5.5

예제 2.2

제약통계를 수강하는 2개의 학과가 있다. A 학과의 경우 중간고사 평균이 60점, 인원이 40명이며, B 학과의 경우 평균이 65점, 인원이 60명이다. 제약통계의 평균점수를 구하시오.

$$\mu = \frac{(60 \times 40 + 65 \times 60)}{100} = 63$$

2.2 산포도

산포도는 특정 자료에서 각 값들이 얼마나 서로 떨어져서 분포하는지를 보여 주며, 자료의 특징을 나타내는 데 있어서 대푯값과 더불어 가장 중요한 값들이다. 산포도를 나타내는 방식에는 범위, 사분범위, 표준편차가 있다.

범위(range)는 자료 중에서 가장 큰 값에서 작은 값을 뺀 수치를 말한다. 예를 들면 학생들의 시험점수 분포가 다음과 같다면 {10, 30, 40, 55, 67, 93}, 범위는 93−10=83이다. 때로는 범위의 정의에서 (가장 큰 수 − 가장 작은 수 + 1)로 표시되는 경우도 있으므로 주의해야 한다. 범위는 가운데에 어떠한 값들이 있는지는 상관이 없고 오로지 가장 큰 수와 작은 수만 계산에 포함되므로 집단의 자료를 분석하는 데는 잘 사용되지 않는다.

사분범위는 전체 자료를 4등분하여 가장 높은 25% 값(Q_3, 3사분위수)과 가장 낮은 25% 값(Q_1, 1사분위수)을 이용하여 자료의 분포 정도를 계산하는 방식이다. 사분범위는 계산이 간단하면서 극단의 값들에 영향을 잘 받지 않으므로 비교적 자주 사용된다.

$$\text{사분범위} = Q_3 - Q_1 \tag{2.2}$$

$Q_1 = \frac{(N+3)}{4}$ 위치의 값

$Q_3 = \frac{(3N+1)}{4}$ 위치의 값

N: 전체 자료의 수

예제 2.3

10점 만점의 퀴즈에서 10명의 학생들이 받은 점수는 다음과 같다.

{1, 2, 4, 5, 5, 6, 7, 7, 7, 9} 사분범위를 구하시오.

$$\mathrm{Q}_1 = \frac{(10+3)}{4} \text{ 위치의 값} = 3.25 \text{ 위치의 값 } \{4,\ 5\}$$

$$= 4 + (5-4) \times 0.25 = 4.25$$

$$\mathrm{Q}_3 = \frac{(3 \times 10 + 1)}{4} \text{ 위치의 값} = 7.75 \text{ 위치의 값 } \{7,\ 7\}$$

$$= 7 + (7-7) \times 0.75 = 7$$

$$\text{사분범위} = 7 - 4.25 = 2.75$$

표준편차(standard deviation)는 평균과 더불어 그 집단을 묘사하는 것으로 산포도 중에서 가장 널리 사용되고 있다. 표준편차의 공식은 다음과 같다.

$$\sigma = \sqrt{\frac{1}{N}\sum_{i=1}^{N}(x_i - \mu)^2} \tag{2.3}$$

(σ: 모집단의 표준편차, x_i: 각 점수, μ: 평균, N: 전체 모집단수)

여기서 $x_i - \mu$를 편차라고 하며, σ^2은 변량(분산, variance)을 의미한다. 앞의 σ 기호에서도 알 수 있듯이 식 (2.3)은 모집단을 기준으로 하고 있다. 표본의 경우는 공식이 다음과 같이 달라진다. 특히 루트(√) 안의 분모가 $n-1$이라는 점을 주의해야 한다.

$$s = \sqrt{\frac{\sum(x - \overline{x})^2}{n-1}} \tag{2.4}$$

(s: 표본의 표준편차, x: 각 점수, $\overline{x}$: 평균, n: 표본의 수)

예제 2.4

모집단의 자료가 다음과 같을 때 평균, 표준편차, 변량을 각각 구하시오.

$$\{1,\ 2,\ 3\}$$

$$\mu = \frac{(1+2+3)}{3} = 2$$

$$\sigma = \sqrt{\frac{(1-2)^2+(2-2)^2+(3-2)^2}{3}} = 0.816$$

$$\text{변량} = 0.816^2 = 0.666$$

예제 2.5

표본의 자료가 다음과 같을 때 평균, 표준편차, 변량을 각각 구하시오.

$$\{1,\ 2,\ 3\}$$

$$\bar{x} = \frac{1+2+3}{3} = 2$$

$$s = \sqrt{\frac{(1-2)^2+(2-2)^2+(3-2)^2}{2}} = 1.0$$

$$\text{변량} = 1^2 = 1$$

위의 예제 2.4와 2.5의 집단은 모두 {1, 2, 3}으로 구성되어 있으나 그 의미는 상당히 다름을 이해하는 것이 중요하다. 예제 2.4의 경우는 분석 대상 자체가 {1, 2, 3}의 3가지 값만 존재한다. 그리고 예제 2.5의 경우는 몇 개인지는 모르지만 모집단이 존재하고 그 모집단에서 3개의 샘플을 채취한 결과가 {1, 2, 3}이란 의미이다. 따라서 두 가지 경우는 통계적으로 그 의미가 상당히 다르다는 점을 알아야 한다.

변동계수(coefficient of variation, CV)는 표준편차(σ)를 산술평균($\bar{x}$)으로 나눈 값으로 식 (2.5)로 정의된다. 변동계수는 또한 상대표준편차(relative standard deviation, RSD)라고도 칭하며 측정단위가 서로 다른 값들의 분산도를 평가하는 데 자주 사용된다. 특히 변동계수는 제약산업에서 의약품 주성분의 함량측정 등과 같은 품질관리(10장 참조)에 필수적인 측정치이다. 변동계수는 흔히 CV 값에 100을 곱하여 %로 나타내기도 한다.

$$\text{CV}=\frac{\sigma}{\bar{x}}\times 100(\%) \tag{2.5}$$

아래는 대한약전 11개정의 제제균일성시험법중 상대표준편차를 이용한 함량균일성시험의 일부를 소개한다.

표 2.3 함량균일성시험(대한약전 11개정 중 제제균일성시험의 표2 용어의 정의 등에서 일부 발췌)

RSD	상대표준편차(평균값에 대하여 %로 표시한 표준편차)		$\frac{100s}{\overline{X}}$
M $T \le 101.5$일 때 적용	기준값	$98.5\% \le \overline{X} \le 101.5\%$	$M=\overline{X}$ $(AV=ks)$
		$\overline{X} \le 98.5\%$	$M=98.5\%$ $(AV=98.5-\overline{X}+ks)$
		$\overline{X} \le 101.5\%$	$M=101.5\%$ $(AV=\overline{X}-101.5+ks)$
M $T > 101.5$일 때 적용	기준값	$98.5\% \le \overline{X} \le T$	$M=\overline{X}$ $(AV=ks)$
		$\overline{X} < 98.5\%$	$M=98.5\%$ $(AV=98.5-\overline{X}+ks)$
		$\overline{X} > T$	$M=T\%$ $(AV=\overline{X}-T+ks)$

예제 2.6

가장 인기 있는 진통제인 타이레놀(Tylenol)의 생산에서 주성분인 아세트아미노펜(acetaminophen)의 평균 함량은 500 mg, 표준편차는 3 mg이었다. 제약회사의 품질관리 기준으로 변동계수가 1%로 정해졌을 때 위 생산은 회사의 품질기준을 충족하는가?

$$\text{CV}(\%)=\frac{3}{500}\times 100=0.6\%$$

따라서 타이레놀의 생산은 회사의 품질관리 기준을 충족한다.

2.3 엑셀 사용하기

1) 엑셀 함수 이용하기

엑셀은 평균, 표준편차 등 기초통계치를 기본함수로 제공하고 있다. 함수 명령어를 수식 입력창에 직접 입력하거나 함수 항목 중에서 선택하여 원하는 통계치를 구할 수 있다. 다음은 대표적인 기초통계치 함수이다.

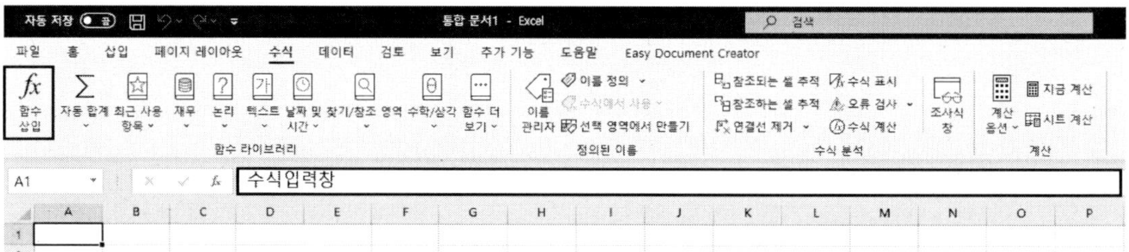

기초통계치	엑셀 함수
평균	AVERAGE
모표준편차	STDEV.P (STDEVP)*
표본표준편차	STDEV.S (STDEV)*
모분산	VAR.P (VARP)*
표본분산	VAR.S (VAR)*
중앙치	MEDIAN
최대치	MAX
최소치	MIN
사분위(경계값 제외)	QUARTILE.EXC
사분위(경계값 포함)	QUARTILE.INC

* 괄호 안은 엑셀 2007 및 이전 버전의 호환성을 위해 제공하는 함수로 동일한 결과를 산출함

예를 들어 10명의 키의 평균을 구하는 경우를 생각해 보자. 다음과 같이 평균을 구하고자 하는 셀(B12)을 선택한 다음, 메뉴의 수식탭에서 함수삽입이나 수식창 왼쪽의 *fx* 부분을 마우스로 클릭하면 다음과 같은 [함수 마법사] 창이 생성되며 '범주 선택'에서 [통계]를 선택하면 다양한 통계함수들이 나열된다.

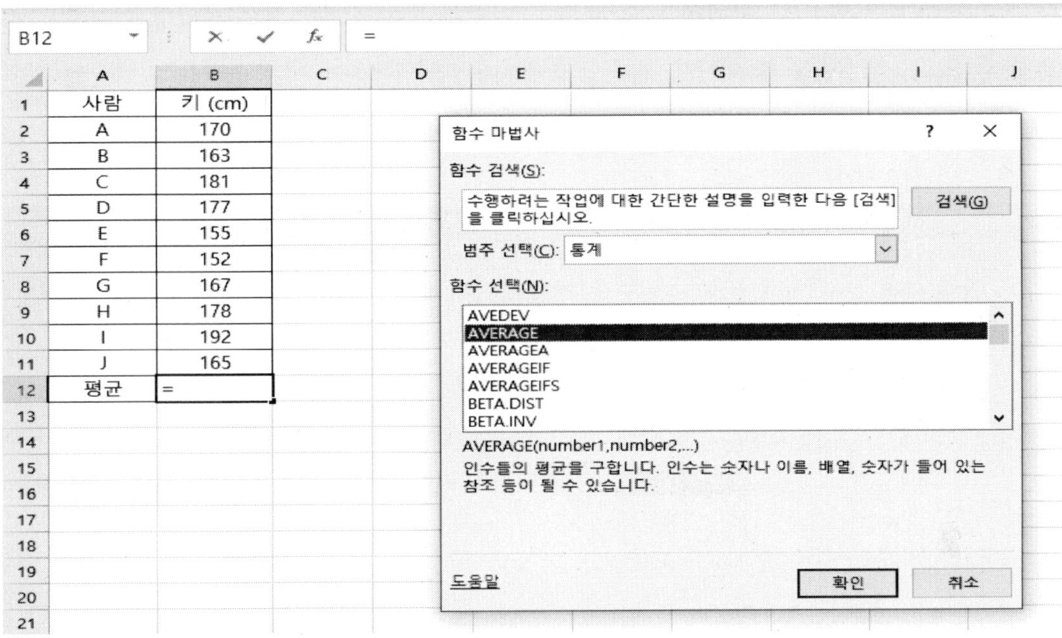

이 중 [AVERAGE]를 선택하고 [확인]을 누르면 [함수 인수] 창이 생성이 되고 Number 1에 평균을 구하고자 하는 셀을 입력하거나 드래그하여 지정해 주면 평균값이 산출된다(Number 2에도 셀을 지정하면 Number 1과 Number 2에 지정된 데이터의 총평균을 구할 수 있다).

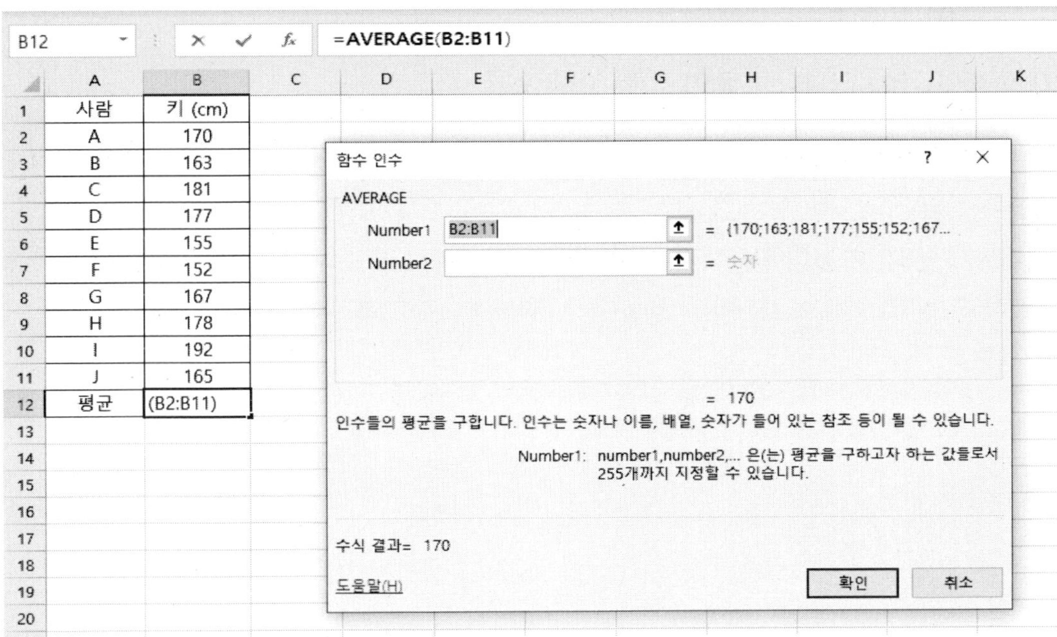

[AVERAGE] 함수를 알고 있다면 다음과 같이 입력창에 바로 함수를 입력하고 평균값을 산출할 수 있다. 함수명을 입력하기 전에 등호 [=]를 입력해야 하며 함수명을 입력하는 과정에서 자동으로 검색된 함수가 리스트업되어 원하는 함수를 선택할 수 있다.

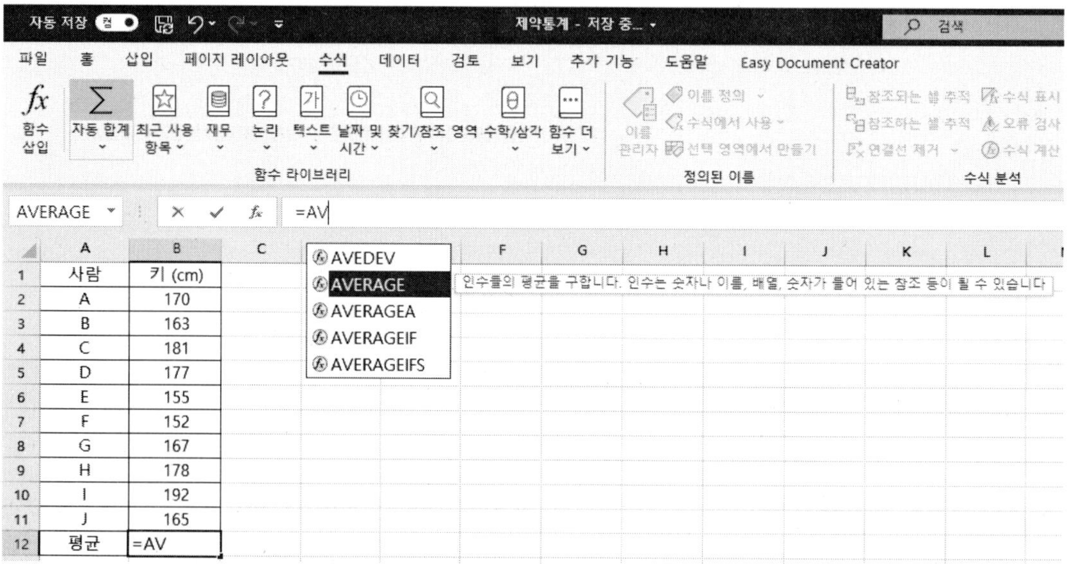

다른 기본통계치도 위에서 서술한 바와 유사한 방법으로 쉽게 산출이 가능하다.

2) 엑셀의 [데이터 분석] 추가 기능 이용하기

엑셀은 기본 함수 외에 추가 기능으로서 데이터의 통계처리를 위한 [데이터 분석] 기능을 제공하고 있다.

[데이터 분석] 기능을 활용하기 위해서는 추가 설정이 필요하다. 우선 메뉴의 함수 탭을 선택한 후 왼쪽 아래의 [옵션]을 선택한 후 왼쪽 아래의 [추가 기능]을 선택한다.

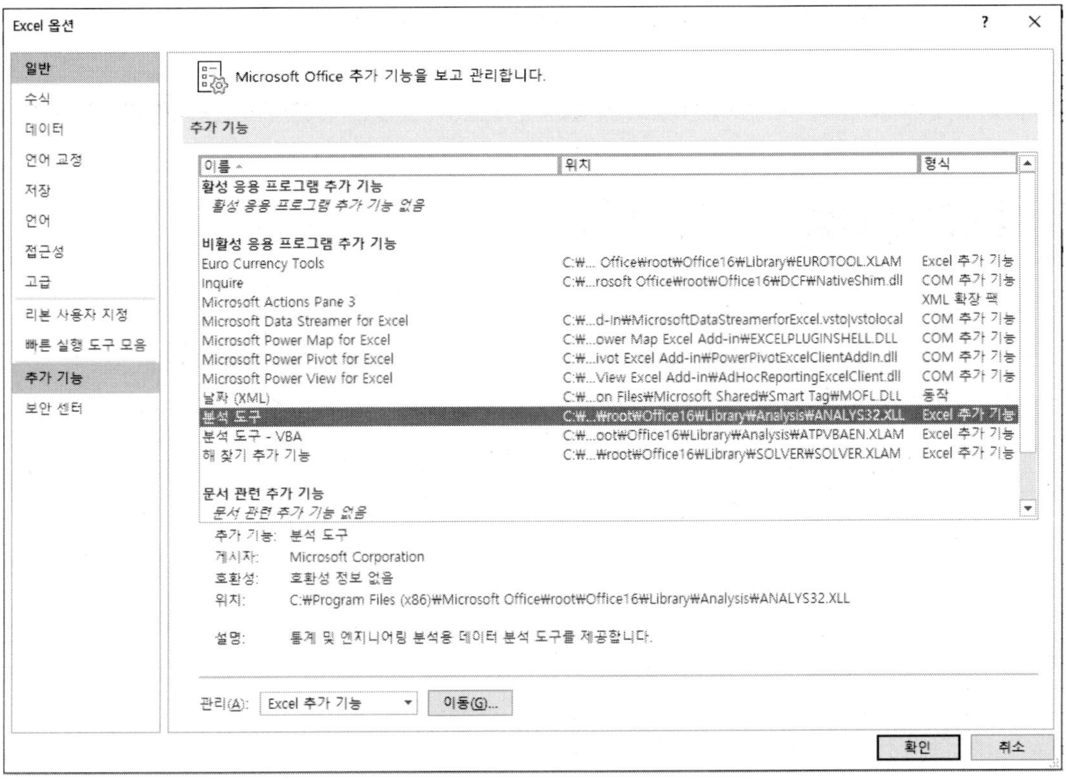

그 다음 아래쪽 관리(A): Excel 추가 기능의 오른쪽 [이동(G)]을 클릭하면 다음과 같은 창이 생성되는데 여기서 [분석 도구]에 체크를 하고 [확인]을 누르면 [데이터 분석] 추가 기능 설정이 완료된다.

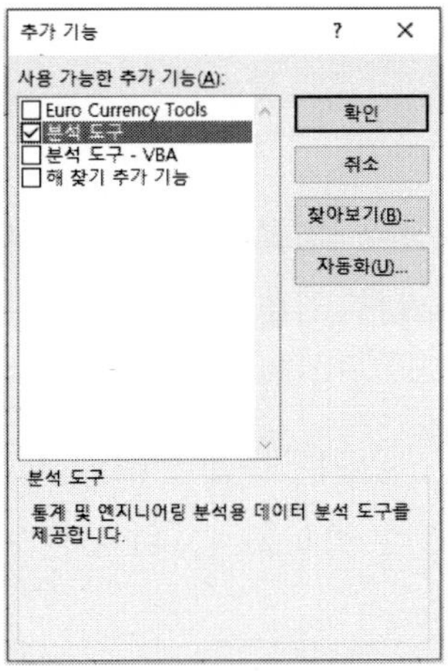

[데이터] 탭에 들어가면 가장 오른쪽에 [데이터 분석] 기능이 생성되어 있음을 확인할 수 있다.

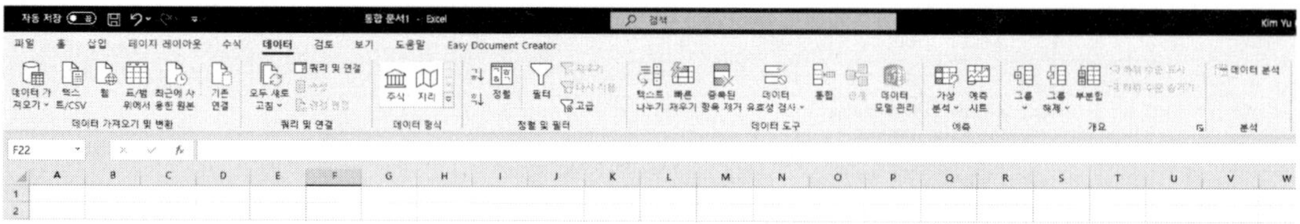

[데이터 분석] 기능을 이용하여 위에서 예시된 10명의 키 데이터의 기초 통계치를 산출해 보자. [데이터] 탭의 [데이터 분석]을 선택하면 아래와 같은 [통계 데이터 분석] 창이 생성되며 항목 중 [기술 통계법]을 선택하고 확인을 누르면 [기술 통계법] 창이 열린다.

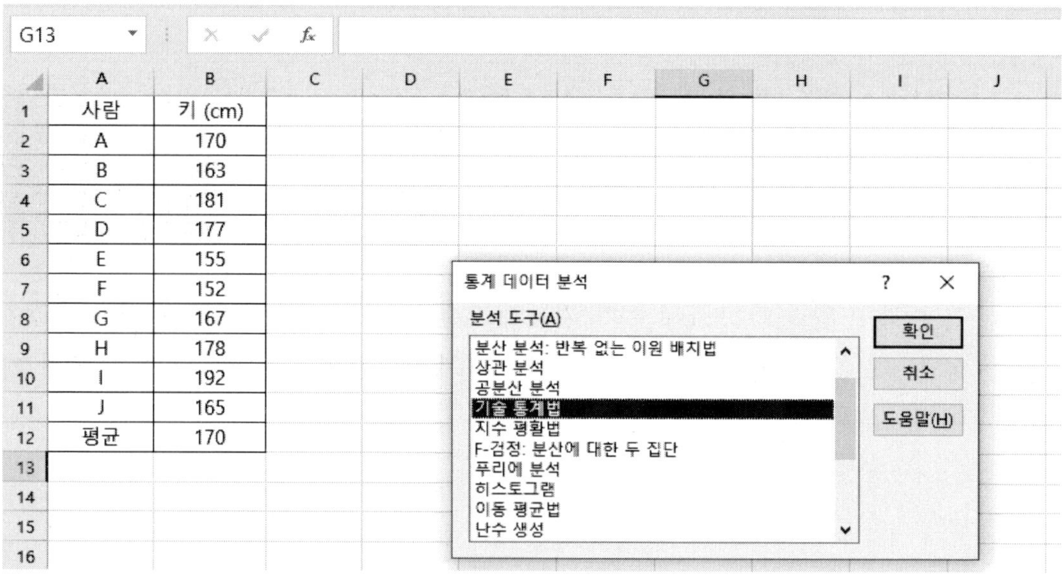

다음 그림과 같이 [기술 통계법] 창의 [입력] 부분에 데이터의 입력범위를 화살표를 클릭한 후 드래그하여 지정한다($B$1:$B$11). [첫째 행 이름표 사용]에 체크하면 첫째 행의 내용을 제목으로 출력할 수 있다. [출력 옵션]에서 통계치의 출력 위치를 해당 워크시트의 셀을 지정하거나 새로운 워크시트 혹은 새로운 통합 문서로 지정할 수 있다. 여기서는 동일 워크시트에서 오른쪽에 출력하도록 출력 범위를 $D$1으로 지정하였다.

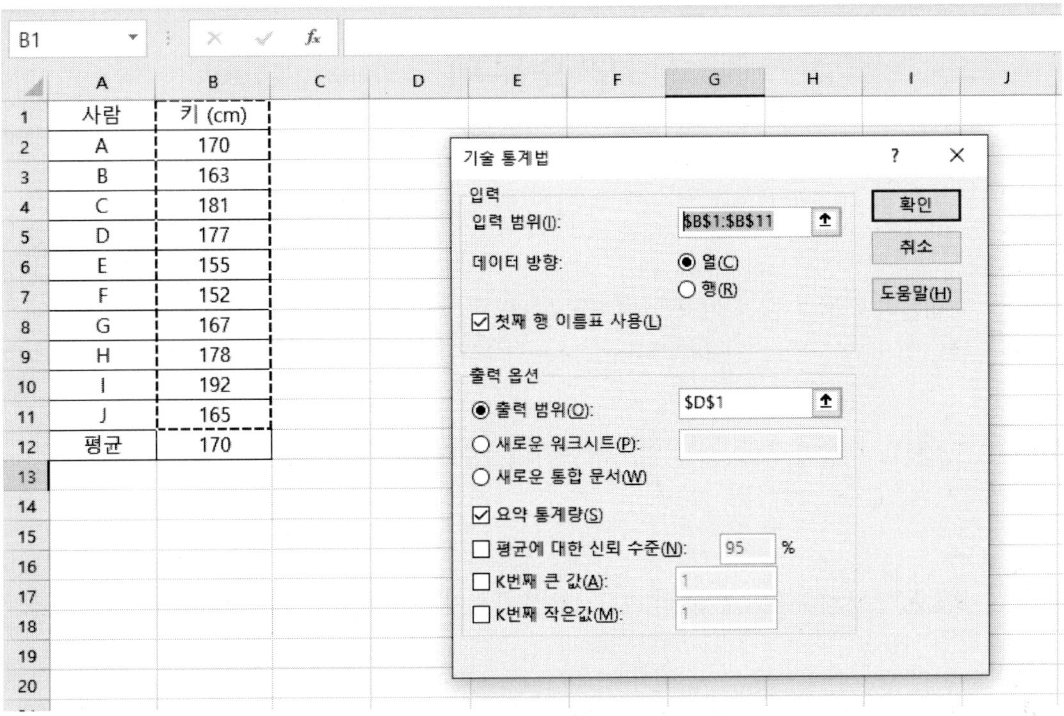

기초 통계치를 산출하기 위해 [요약 통계량]에 체크를 하고 확인을 누르면 아래 그림과 같이 기초 통계치를 도출할 수 있다. 최빈값은 해당사항이 없으므로 #N/A(Non Applicable)로 표시되었다.

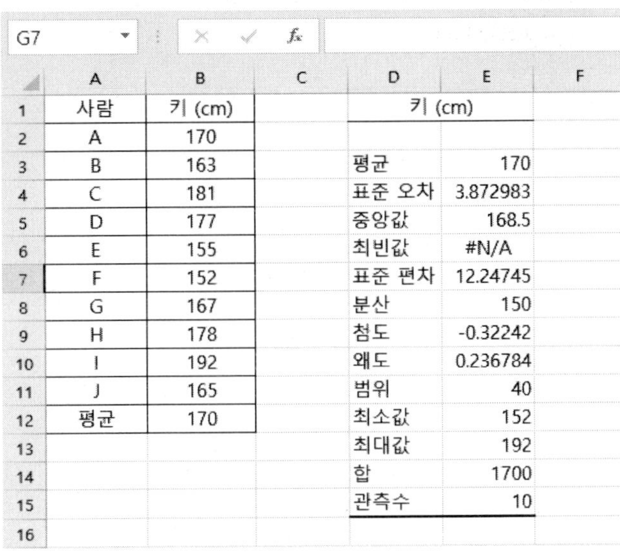

연습문제

1 모집단이 다음과 같을 때 평균치, 중앙치를 구하시오.
$\{1,\ 3,\ 6,\ 6,\ 8,\ 12,\ 25,\ 30\}$

2 모집단이 다음과 같을 때 범위, 사분범위, 표준편차를 구하시오.
$\{2,\ 4,\ 6,\ 8,\ 12,\ 18,\ 20\}$

3 의약품의 생산에서 평균함량이 200 mg, 표준편차가 3 mg이었다. 변동지수를 계산하시오.

4 10점 만점인 체조경기에서 6명의 심사위원이 각각 2, 3, 5, 6, 7, 7 점의 점수를 부여하였다. 다음을 구하시오.

(A) 중앙치 값　　(B) 평균치 값　　(C) 사분범위
(D) 표준편차　　(E) 변동계수

5 엑셀을 이용하여 다음 값들의 평균, 표준편차, 중앙치를 구하시오.

D25

	A	B	C
1	사람	체중 KG	
2		54	
3		69	
4		59	
5		49	
6		76	
7		55	
8		66	
9		88	
10		45	
11		50	

6 엑셀을 이용하여 1번 문제를 푸시오.

진통제 타이레놀(Tylenol)

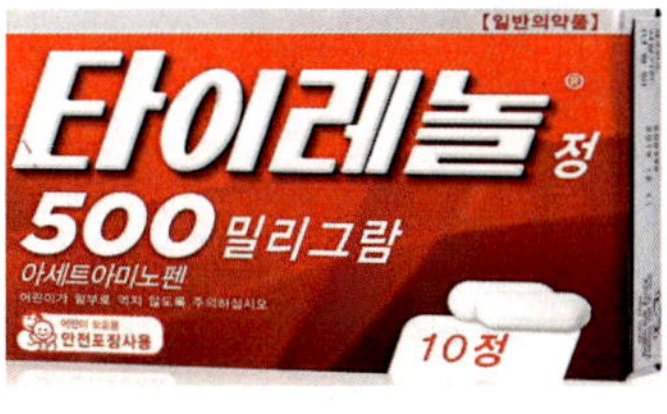

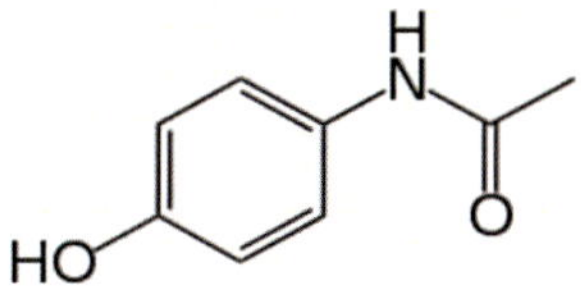

아세트아미노펜의 구조

타이레놀은 아세트아미노펜(acetaminophen)을 주성분으로 하는 세계적 베스트셀러 진통제이다. 진통제라 함은 병의 근본 원인을 제거하는 것이 아니라 인체에 통증을 유발하는 물질인 프로스타글란딘의 합성을 막아서 통증을 차단하고 열을 내리는 역할을 한다. 진통제에는 강한 통증을 억제하는 마약성 진통제와 약한 통증을 제어하는 비마약성 진통제로 나뉜다. 마약성 진통제로는 아편계 진통제로서 아편, 모르핀, 코데인 등이 있으며 반드시 의사의 처방이 있어야 한다. 비마약성 진통제는 의사의 처방이 없어도 약국에서 구입할 수 있는 일반의약품으로서 비스테로이드성 소염진통제(NSAID) 계통이 가장 많으며, 아스피린, 이부프로펜, 나프록센 등이 있다. 타이레놀은 열을 내리는 해열 작용은 있으나 염증을 줄이는 소염 작용은 없어서 비스테로이드성 소염진통제에는 포함되지 않는다.

아세트아미노펜의 개발은 19세기 말까지 거슬러 올라가는 100년이 넘는 역사를 가진다. 수많은 연구결과 1955년 미국의 McNeil 연구소에 의해 타이레놀이란 상품명으로 시판되기 시작하였다. 이 회사는 이후 미국 제약회사인 Johnson and Johnson의 자회사로 편입되었다. 타이레놀은 현재까지 전 세계 진통제 시장을 주름잡는 탑브랜드의 위치에 있다. 진통제로서 유명한 아스피린은 진통효과는 좋으나 부작용으로 위장관궤양등을 일으킬 수 있다. 반면 타이레놀은 그런 효과가 없으나 상당량 복용하거나 술과 함께 복용 시 간독성이 있을 수 있다.

타이레놀은 또한 대표적인 약화사고(medication misadventure)의 사례로서 자주 언급된다. 1982년 미국 시카고에서 한 사람이 Johnson and Johnson사에 편지를 써서 백만 달러를 주지 않으면 타이레놀에 독약을 넣어서 유통시키겠다고 협박하였다. 회사에서 특별한 반응이 없자 범인은 캡슐형의 타이레놀에 청산가리를 넣어서 유통시켰고 이로 인하여 시카고 지역에서 타이레놀을 복용한 7명이 사망하였다. 범인은 이후 체포되었으며 현재 교도소에서 종신형을 살고 있다. 제약업계는 이 사건으로부터 의약품의 제형에 신경을 쓰게 되어 개봉이 쉽게 되는 캡슐형의 제품은 더 이상 만들지 않았으며 의약품의 파손 여부를 쉽게 확인할 수 있도록 제형과 포장을 강화하였다.

제 3 장

확률, 이항분포와 정규분포

3.1 확률

확률(probability)이란 특정한 사건이 일어날 수 있는 가능성을 숫자로 나타낸 것으로 식(3.1)과 같이 표현될 수 있다.

$$P = \frac{\text{특정 사건 경우의 수}}{\text{전체 경우의 수}} \tag{3.1}$$

가장 널리 사용되는 예시로는 동전과 주사위 던지기가 있다. 동전은 앞면과 뒷면의 2가지 경우의 수가 있으며 앞면이 나올 경우의 수는 한 가지로서 그 확률은 1/2(50%)이 된다. 뒷면이 나올 확률도 마찬가지로 1/2이다. 주사위는 총 경우의 수가 1, 2, 3, 4, 5, 6의 6가지가 있으며, 3이 나올 경우의 수는 한 가지뿐이므로 그 확률은 1/6(16.7%)이 된다. 확률에 있어서 중요한 점은 특정사건이 발생하는 경우의 수와 전체 경우의 수가 변하지 않아야 된다는 점이다. 사건이 진행됨에 따라 전체 경우의 수가 변동되거나, 사건이 발생하는 경우의 수가 증가 또는 감소할 경우 확률은 정확하지 않게 된다.

제약업 등 제조업에서는 위에서 살펴본 것과는 다소 상이한 상대도수 개념의 확률이 자주 사용되는데 이 경우 확률은 다음의 공식으로 정의된다.

$$P = \frac{\text{특정 사건의 수}}{\text{전체 생산제품 수}} \tag{3.2}$$

통계의 정확한 정의에 따르면 의약품을 생산할 경우에는 각 배치(batch)마다 특정 사건의 수와 전체 생산제품수가 달라질 수 있다. 그러나 품질관리의 목적에서는 이러한 확률의 정의가 대단히 실용적이다.

예제 3.1

특정 의약품을 100,000개 생산하였을 때 불량품이 5개 발생하였다면 불량품 발생확률은?

$$P = \frac{5}{100,000} \times 100 = 0.005\%$$

특정 사건들이 2개 이상 연속적으로 발생할 경우가 종종 있다. 특히 제약업에서는 대부분의 의약품들이 10가지 이상의 공정을 거쳐서 생산된다. 따라서 서로 다른 공정 간의 연관성을 계산할 필요가 있다. 독립사건이란 두 가지 사건이 서로 연관성이 전혀 없는 것을 말한다. 예를 들면 한 사람이 동전과 주사위를 동시에 던진다고 하자. 동전에서 앞면이 나오는 경우와 주사위에서 1이 나오는 것은 전혀 연관성이 없다. 이런 경우를 독립적 사건이라고 한다. 통계적 처리에서 상당히 많은 변수가 독립적 사건인 것으로 가정하는데 이항분포와 정규분포가 대표적인 예이다.

확률의 경우 흔히 사용되는 중요한 공식 몇 개가 존재한다. 대표적인 것이 식 (3.3)이다.

$$P(A \cup B) = P(A) + P(B) - P(A \cap B) \tag{3.3}$$

위 식에서 ∪는 합집합, ∩는 교집합을 의미한다.

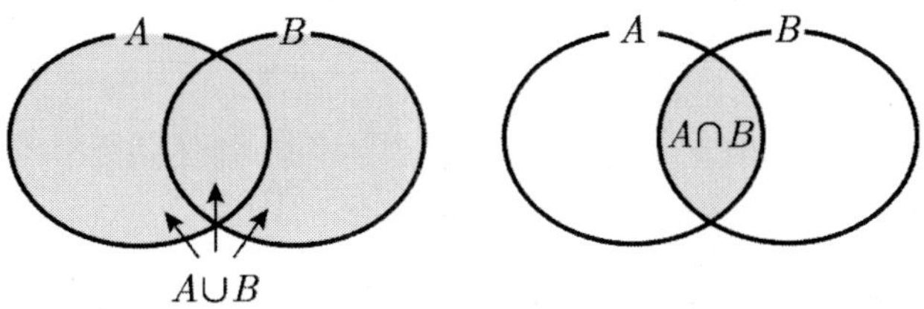

그림 3.1 합집합(∪)과 교집합(∩)의 벤다이어그램

두 번째는 조건부 확률이다. P(A | B)의 의미는 B의 조건이 충족되는 범위 내에서 A의 확률이라는 의미로서 다음과 같은 식이 성립한다.

$$P(A|B) = \frac{P(A \cap B)}{P(B)} \tag{3.4}$$

$$P(A \cap B) = P(A|B) \times P(B) \tag{3.5}$$

두 사건이 상호독립적일 경우에는 다음의 식이 성립된다.

$$P(A|B) = P(A) \tag{3.6}$$

따라서 다음과 같다.

$$P(A \cap B) = P(A) \times P(B) \tag{3.7}$$

수학적으로는 식 (3.7)을 충족시키는 사건을 독립사건으로 정의할 수 있다.

확률에서 자주 사용되는 Beyes의 정리는 P(B | A)를 알고 있을 때 P(A | B)를 구하는 공식이다.

$$P(A|B) = \frac{P(B|A)P(A)}{P(B)} \tag{3.8}$$

예제 3.2

세탁소의 고객 중 남자는 20%, 미혼은 80%를 차지한다. 남자이면서 미혼일 확률이 40%일 때, 미혼이면서 남자일 확률은?

A는 남자, B는 미혼의 사건을 의미한다.

$$P(A|B) = \frac{40 \times 20}{80} = 10\%$$

3.2 이항분포

이항분포(binomial distribution)란 하나의 사건에서 일어날 경우의 수가 정확히 2가지이고 각 확률이 정해진 경우에 다음의 확률 $p(x)$를 만족하는 분포를 말한다.

1. 일어날 경우의 수가 정확히 2가지 $\mathrm{P(A)}=p$, $\mathrm{P(B)}=q$
2. $p+q=1.0$
3. 표본의 사례수 n
4. 이때 사건 X가 일어날 확률: $p(x)$

$$p(x)=\binom{n}{x}p^x q^{n-x} \quad (x=0, 1, 2, \ldots, n)$$
$$\binom{n}{x}=\frac{n!}{x!(n-x)!} \tag{3.9}$$

$\binom{n}{x}$는 ${}_nC_x$라 표시되기도 한다.

동전 던지기는 대표적인 이항분포의 예이다. 동전을 던질 경우 P(앞면) = P(뒷면) = 0.5이며 둘의 합은 정확히 1.0이다. 그 외 주사위를 사용하여 6의 확률(A)을 계산하는 경우도 이항분포에 해당된다. 이때 P(A)는 6이 나올 확률이며 P(B)는 6 이외의 수가 나올 확률이다. $\mathrm{P(A)}=\frac{1}{6}$, $\mathrm{P(B)}=\frac{5}{6}$의 고정된 값들을 갖는다.

예제 3.3

동전 던지기를 4회 하였을 때 앞면(A)이 나올 경우의 수는 0, 1, 2, 3, 4회의 총 5가지이다. 각각의 확률을 구하시오.

$$P(0) = \frac{4!}{(0!4!)} \times 0.5^4 = 0.0625$$

$$P(1) = \frac{4!}{(1!3!)} \times 0.5^4 = 0.25$$

$$P(2) = \frac{4!}{(2!2!)} \times 0.5^4 = 0.375$$

$$P(3) = \frac{4!}{(3!1!)} \times 0.5^4 = 0.25$$

$$P(4) = \frac{4!}{(4!0!)} \times 0.5^4 = 0.0625$$

$$P(0) + P(1) + P(2) + P(3) + P(4) = 1.0$$

위 이항분포에서 동전 던지기 횟수(n)를 4회, 10회, 20회로 증가함에 따라 이항분포는 그림 3.2와 같은 종모양으로 변해간다. n이 계속 커지면 이것을 정규분포(normal distribution)라고 한다.

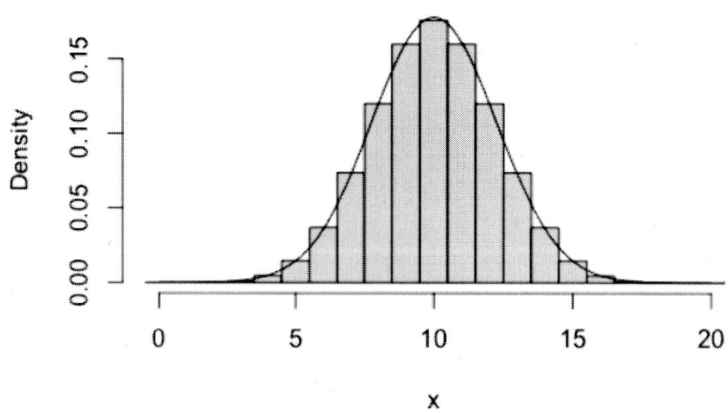

그림 3.2 이항분포의 정규분포로의 접근($n = 20$)

3.3 정규분포

지금까지는 특정 자료의 분석에서 평균(μ)과 표준편차(σ)를 이용하였다. 이들은 전체 자료의 특성을 보여 준다. 이에 비해 정규분포는 다음의 식과 그림으로 정의되며 각각의 자료가 전체에서 어느 위치에 존재하는지를 보여 준다.

$$f(x) = \frac{1}{\sigma\sqrt{2\pi}} e^{-\frac{1}{2}\left(\frac{x-\mu}{\sigma}\right)^2} \tag{3.10}$$

$$z = \frac{(x-\mu)}{\sigma} \tag{3.11}$$

$$x = \mu + z\sigma \tag{3.12}$$

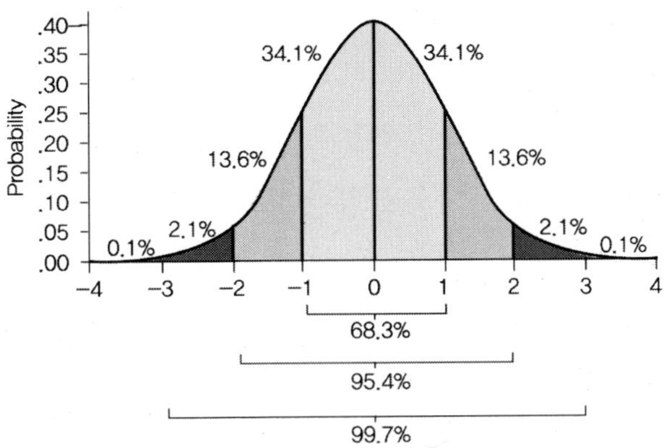

그림 3.3 정규분포 곡선

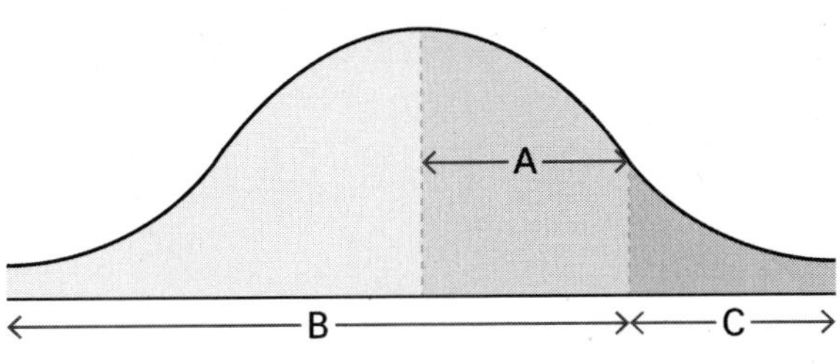

그림 3.4 정규분포의 3가지 값

정규분포곡선에는 몇 가지 특징이 있다. 정규분포곡선은 $z=0$에 대하여 좌우대칭으로 구성되며 정규분포곡선 아래 면적은 정확히 1이다. 표준정규분포는 정규분포를 따르는 확률변수 x값을 $z=\dfrac{(x-\mu)}{\sigma}$로 변환한 것으로서 z는 평균 0, 표준편차 1인 정규분포를 따르게 된다.

정규분포의 표를 읽는 방식에는 3가지가 있다(부록 정규분포표 참조). 첫 번째 (A)는 평균을 기준으로 상위분율을 표시한다(이때 z의 범위는 0 ~ z이다). 두 번째 (B)는 가장 아래에서부터 z까지의 분율($-\infty$ ~ z)로서 첫 번째 값에다 0.5를 더한 의미이다. 세 번째 (C)는 z에서 가장 위까지의 분율(z ~ $+\infty$)을 의미하고 이것은 전체 중 특정 값이 차지하는 상위 비율을 뜻하며, 흔히 p로 표현된다(그림 3.4 참조). A, B, C의 표로부터 구한 z값들은 각각 z_A, z_B, z_C라고 표현하면 다음의 관계가 성립된다.

$$z_B=0.5+z_A,\ \ z_C=1-z_B$$

예를 들어 $z=1.0$의 값을 가지면 부록의 정규분포표(A)로부터 0.3413을 구한다. 이 값의 의미는 전체를 1(또는 100%)이라고 했을 때 0~1.0의 z값을 차지하는 비율은 전체에서 0.3413 (34.13%)이라는 뜻이다. 부록의 정규분포표(B)로부터는 0.8413의 값을 가지며 이것은 가장 아래에서부터 z까지의 비율($-\infty$ ~ z)이 0.8413(84.13%)이라는 뜻이다. 또한 부록의 정규분포표(C)로부터는 0.1587이 되며 이것은 가장 큰 값에서 z까지의 비율(z ~ $+\infty$)이 0.1587 (15.87%)이라는 의미이다. 통계를 제대로 이해하려면 이 정규분포를 반드시 익혀두어야 한다.

z가 음의 값(−)을 가질 때에도 부록의 정규분포표를 양의 값과 같이 사용할 수 있다. 예를 들어 $z=-0.5$의 경우를 살펴보자. 정규분포표에는 음(−)의 값 영역에 있는 z는 없다. 그러나 정규분포가 대칭이라는 점을 이해하면 다음과 같이 변형하여 계산할 수 있다. 즉 $z=+0.5$로 계산하면 동일한 값을 갖는다.

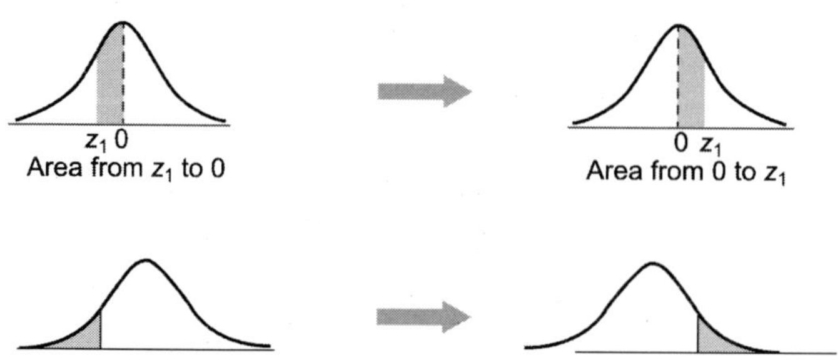

그림 3.4 음의 z일 경우 양의 z로 변환한 후 계산함

$z=-0.5$일 경우 우선 $z=+0.5$로 바꾼 후 0~0.5 범위에 있는 비율은 부록의 정규분포표(A)로부터 0.1915, 즉 전체를 100%로 할 경우에는 19.15%이다. 정규분포는 완전한 대칭이므로 −0.1915~0의 비율과 0~+0.1915의 비는 동일하다. 그리고 가장 아래에서부터 −0.1915까지의 비율(−∞~−0.1915)은 부록의 정규분포표(C)로부터 0.3085이다.

예제 3.4

제약통계를 수강하는 학생들의 수는 50명이고, 중간고사 성적은 평균 60점, 표준편차 17점이었다. 모집단이 정규분포를 이룬다고 가정할 때 다음을 구하시오.

(i) 중간고사에서 75점을 받은 학생은 상위 몇 %에 해당하는가?

식 (3.11)로부터 $z=\dfrac{(75-60)}{17}=0.88$

부록의 정규분포표(C)로부터 $p=0.1894$이므로 이 학생은 상위 18.94%에 해당한다.

(ii) 중간고사에서 50점을 받은 학생은 하위 몇 %에 해당하는가?

식 (3.11)로부터 $z=\dfrac{(50-60)}{17}=-0.59$

정규분포표에는 음수인 z값이 없다. 따라서 이것은 $z=+0.59$를 사용하여 부록의 정규분포표(C)로부터 $p=0.2776$이므로 이 학생은 하위 27.76%에 해당한다.

(iii) 보통 상위 30%까지 A 학점을 부여한다. 이를 중간고사에 적용하면 A 학점을 받기 위한 최소한의 점수는 얼마인가?

$p=0.30$에 해당하는 z값은 부록의 정규분포표(C)에서 찾으면 $z=0.52$이다. 식 (3.12)로부터 $x=60+0.52\times17=68.84$이므로 69점이 넘어야 A 학점을 받는다고 할 수 있다.

통계적 가설검정에서는 특히 부록의 정규분포표(C)가 아주 유용하게 사용된다. 특별히 자주 사용되는 z와 p 값이 표 3.1에 정리되어 있다. 그중에서도 $p=0.025$(상위 2.5%)에 해당하는 $z=1.96$과 $p=0.05$(상위 5%)에 해당되는 $z=1.645$(또는 1.64)는 자주 나오므로 기억해두는 것이 좋다.

표 3.1 p 값의 범위와 그에 해당하는 z값

TABLE OF THE NORMAL DISTRIBUTION

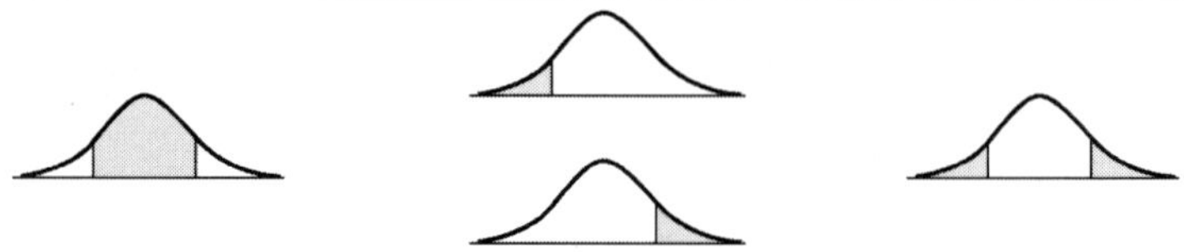

No. of standard deviations	% contained in interval	1-sided p-value	2-sided p-value
3.09	99.8	0.001	0.002
2.58	99	0.005	0.01
2.33	98	0.01	0.02
1.96	95	0.025	0.05
1.645	90	0.05	0.1
1.28	80	0.1	0.2
0.84	60	0.2	0.4
0.52	40	0.3	0.6
0.25	20	0.4	0.8

예제 3.5

제약통계의 10년간 평균 중간고사 점수는 평균 60점, 표준편차 15점이었다. 위의 자료를 바탕으로 (i) 상위 2.5%와 (ii) 상위 5%에 들려면 각각 몇 점씩 받아야 하는지 구하시오 (정규분포를 따른다고 가정하시오).

(i) $p=0.025$에 해당하는 z값은 1.96이다.

식 (3.12)로부터 $x=60+1.96\times15=89.4$이므로 90점 이상을 받아야 한다.

(ii) $p=0.05$에 해당하는 z값은 1.645이다.

식 (3.12)로부터 $x=60+1.645\times15=84.68$이므로 85점 이상을 받아야 한다.

예제 3.6

제약통계 교수님은 하위 10% 학생에게는 F 학점, 하위 11~25% 학생에게는 C 학점을 부여한다. 기말고사 점수의 평균이 55점, 표준편차가 20점이고 정규분포를 따른다고 가정하였을 때, F 학점, C 학점에 해당하는 점수의 범위를 구하시오.

하위 10%는 $p=0.1$에 해당한다. 따라서 부록의 정규분포표로부터 $z=-1.28$이므로 $x=55-1.28\times 20=29.4$이다.

하위 25%는 부록의 정규분포표(C)로부터 $z=-0.67$이므로 $x=55-0.67\times 20=41.6$이다.

따라서 F 학점과 C 학점에 해당하는 점수의 범위는 다음과 같다.

F 학점: 0 ~ 29점, C 학점: 30 ~ 41점

3.4 표준화 점수

상황에 따라 각 점수보다는 표준화된 점수가 사실을 더 명확히 설명할 수도 있다. 예를 들면 대학수학능력시험에서는 원점수와 표준변환점수가 존재한다. 이것은 매년 시행되는 대학수학능력시험점수를 표준화하기 위한 방안이다. 중요한 시험일수록 난이도를 비슷하게 유지하는 것이 매우 중요하다. 표준변환점수의 계산에서도 정규분포함수 z가 이용된다.

예를 들어 x가 원점수이고 이를 다른 기준으로 변환할 때 표준변환점수 x'은 다음과 같이 주어진다.

$$x'=\mu+z\sigma \tag{3.13}$$

예제 3.7

2019년의 제약통계 중간고사의 평균점수는 70점, 표준편차는 16점이었다. 한 학생의 성적이 80점일 때, 이것을 평균 60점, 표준편차 20점으로 표준화하면 표준변환점수는 얼마인가?

$z=\frac{(80-70)}{16}=0.625$이므로 $x'=60+0.625\times 20=72.5$이다.

3.5 엑셀 사용하기

1) 정규분포값 계산

엑셀의 NORM.DIST 함수를 이용하여 정규분포를 따르는 자료의 확률밀도 함수값과 누적분포함수를 산출할 수 있다. 이때 분포의 산술평균과 표준편차를 알고 있어야 한다.

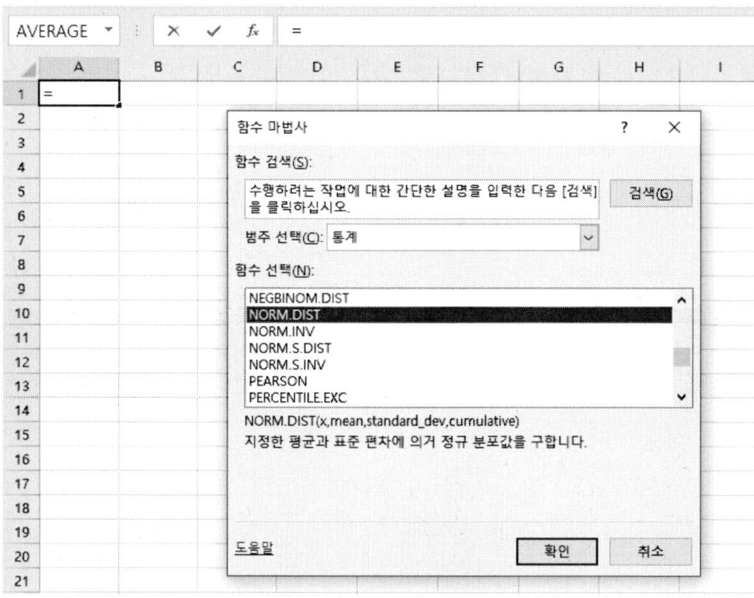

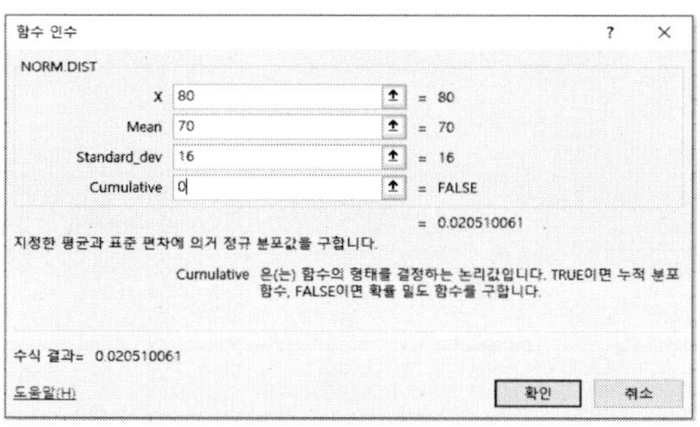

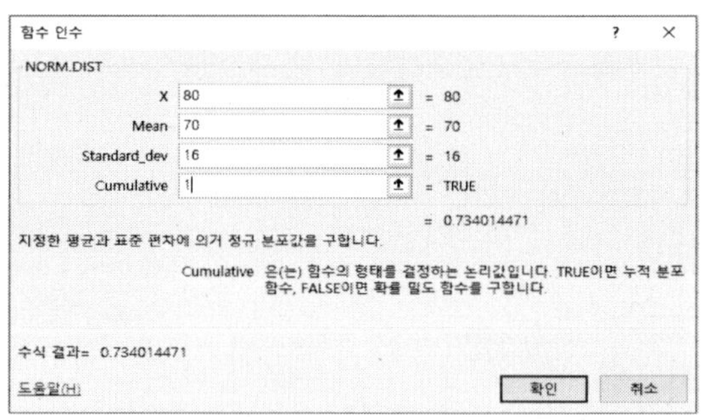

함수 마법사에서 NORM.DIST를 선택하고 정규분포값을 계산하고자 하는 data(80)을 X 항에 입력하고 분포의 평균 (70)과 표준편차 (16)를 [Mean]과 [Standard_ dev] 항에 각각 입력한다. [Cumulative] 항은 논리값으로 0을 입력하면 정규분포의 확률밀도 함수값을

반환하고 1을 입력하면 누적분포확률을 반환한다. 함수마법사를 이용하지 않고 입력창에 NORM.DIST(X, Mean, Standard_dev, Cumulative)를 직접 입력해도 된다.

반대로 누적분포확률로부터 해당되는 데이터값을 계산하고자 하는 경우 NORM.INV 함수를 이용한다. 위에서 산출한 누적분포확률을 [Probability]에 입력하고 [Mean]과 [Standard_dev]을 동일하게 입력하면 해당 누적분포확률에 해당하는 값 (80)이 산출된다. 마찬가지로 입력창에 함수와 수치를 직접 입력해도 된다. 여기서 확률은 0에서 1 사이의 값으로 입력한다.

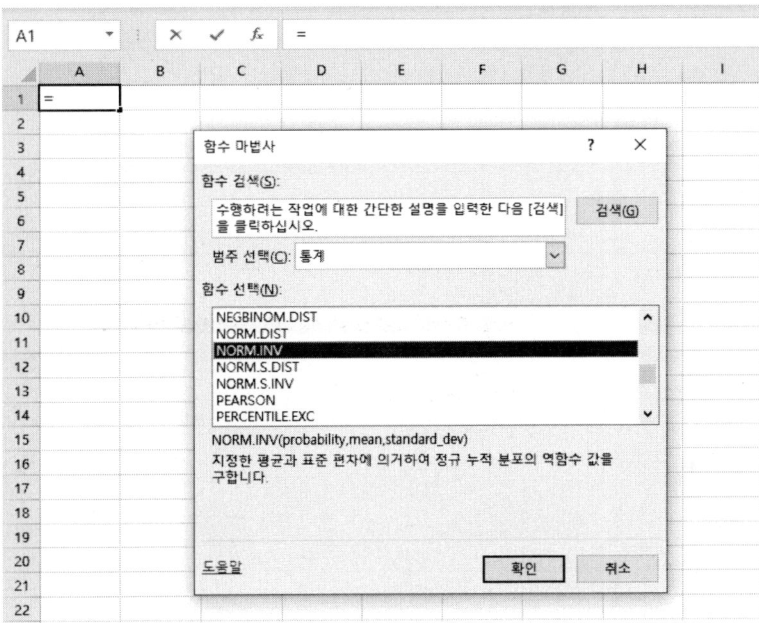

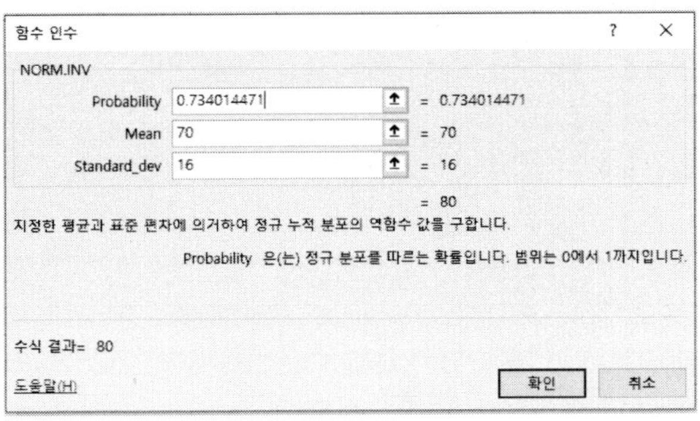

2) 표준정규분포값 계산

표준정규분포(평균=0, 표준편차=1)의 정규분포값을 계산하는 경우는 NORM.S.DIST 함수를 이용한다. 함수마법사에서 분포값을 알고자 하는 Z값(예: 0.625)을 입력하고 [Cumalative] 항에서 0 또는 1을 입력하면 표준정규분포값과 누적분포함수값을 각각 반환한다. 입력창에 직접 함수를 입력해도 무방하다.

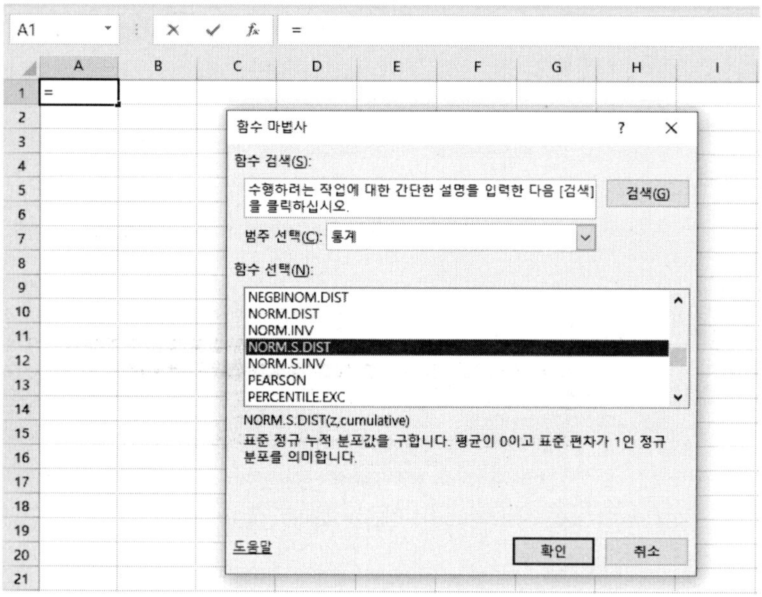

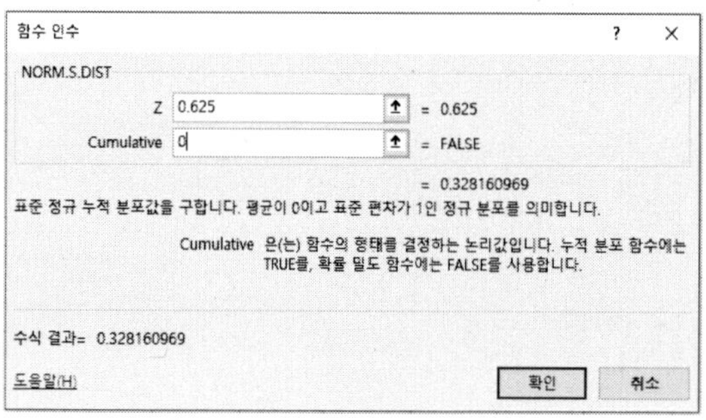

표준정규분포의 경우도 누적분포확률로부터 Z값을 얻으려면 NORM.S.INV 함수를 이용하여 누적분포확률만 입력하면 된다.

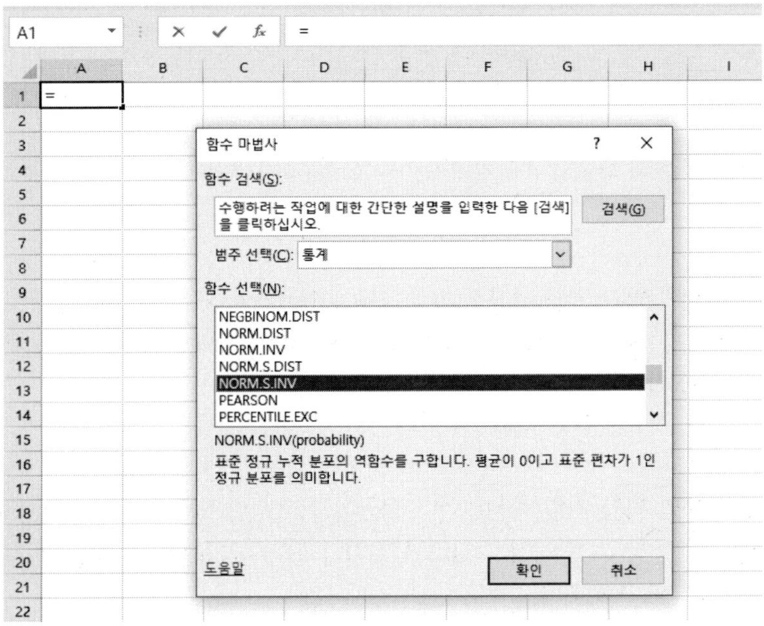

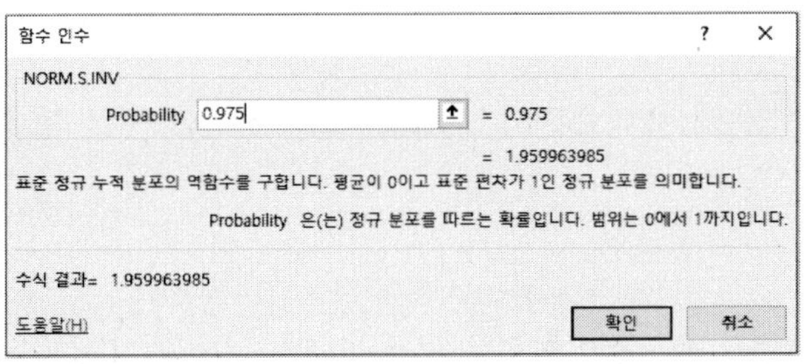

연습문제

1 동전던지기를 6회 실행할 때 앞면이 나오는 경우의 확률을 각각 구하시오.

2 한 학교 학생의 평균 키를 측정했더니 평균이 169 cm, 표준편차가 10 cm로 나왔다. 본인의 키가 172 cm이면 전체 중 몇 %에 해당하는가? 학생들의 키 분포는 정규분포를 따른다고 가정한다.

3 한 학교 학생의 평균 키를 측정했더니 평균이 169 cm, 표준편차가 10 cm로 나왔다. 어떤 학생의 키가 상위 10%에 속하려면 얼마나 되어야 하는가? 학생들의 키 분포는 정규분포를 따른다고 가정한다.

4 동전을 3회 던졌는데 모두 뒷면이 나왔다. 4회째 동전을 던질 때 역시 뒷면이 나올 확률은 얼마인가?

5 제약통계의 10년간 중간고사 성적은 평균 60점, 표준편차 18점이었다. 올해의 중간고사 성적은 평균 65점, 표준편차 20점이 나왔다. 올해 시험에서 90점을 받은 학생은 10년간의 중간고사 점수로 변환하면 평균은 몇 점인가?

6 평균 60점, 표준편차 15점인 중간고사에서 한 학생은 70점을 받았다. 이 학생이 받은 점수의 z값을 엑셀을 이용하여 구하시오.

7 3번 문제를 엑셀을 이용하여 구하시오.

수학 역사상 최고의 천재 가우스

가우스(Carl Friedrich Gauss, 1777~1855)는 수학 역사상 최고의 천재라 불리는 인물로서 대수학, 기하학, 해석학, 통계학, 물리학, 천문학 등 다방면에서 큰 기여를 한 인류역사상 최고의 천재 중 한명이라 할 수 있는 수학자이다. 가우스는 1777년 4월 30일 현 독일의 브라운슈바이크(Brunswick)에서 가난한 노동자 집안에서 태어났으며, 어머니는 글을 읽거나 쓸 줄 모르는 문맹이었다. 가우스는 어린 시절부터 신동으로 소문이 자자하였다. 가우스가 3살 되던 해에는 아버지의 계산 오류를 바로잡아 주었으며, 7살 되던 해에는 1에서 100까지를 더하는 수학 문제를 받은 그 자리에서 바로 답을 내었다. 이후 브라운슈바이크 공작의 지원으로 카롤링 학교에서 공부할 수 있었고, 나중에는 괴팅겐 대학으로 옮겨서 졸업하였다.

1799년 박사 학위논문으로 대수학의 가장 기본이 되는 대수방정식 근의 존재 증명을 저술하였다. 조금 쉽게 말하면 n차 방정식이 n개의 근을 갖는다는 대수학의 기본 정리를 증명해낸 것이다. 통계학 부분에서는 정규분포인 Gauss 분포를 최초로 도입하여 통계학의 기본 바탕을 제공하였다.

가우스에 대해서는 수많은 일화가 전해져 온다. 가우스는 특히 완벽주의자로 유명하여 완전무결하고 흠이 없는 경우에만 출판하여서 상당수의 업적은 외부로 알려지지 않았다. 그는 당대 최고의 수학자로서 유럽의 유명한 수학자들이 새로운 발견을 하거나 이론의 전개에서 의문점이 있으면 가우스에게 편지를 써서 조언을 구하거나 본인의 연구 업적을 과시하였다. 그런데 가끔 새로운 발견의 경우 가우스는 "훌륭한 이론의 전개지만, 저는 이 사실을 아주 오래전에 알고 있었습니다"라는 식으로 답하여 많은 수학자들을 당황하게 만들기도 하였다. 나폴레옹 또한 가우스를 존경하여 그의 군대가 절대로 괴팅겐 주변에 가지 말도록 엄명을 내리기도 하였다.

제 4 장

상관과 회귀

4.1 상관분석

상관(correlation)이란 한 변수와 다른 변수의 상호관련성을 의미하며 그 정도를 상관계수(correlation coefficient)로 표시한다. 상관계수에는 피어슨(Pearson) 상관계수 r이 가장 널리 사용되며, 그 정의는 다음과 같다.

$$r_{xy} = \frac{\sum(x_i - \bar{x})(y_i - \bar{y})}{\sqrt{\sum(x_i - \bar{x})^2}\sqrt{\sum(y_i - \bar{y})^2}} \tag{4.1}$$

($\bar{x}$: x값의 평균, $\bar{y}$: y값의 평균, x_i: x의 개별값, y_i: y의 개별값)

r의 값은 $-1 \le r \le 1$의 범위의 값을 가지며 완전한 정비례일 경우 $+1$, 완전한 역비례의 경우 -1의 값을 가진다. 그림 4.1은 r의 값들의 변화를 보여 준다. 특히 통계적 분석에서 SS_x, SS_y, SS_{xy}의 정의는 대단히 자주 나오며 다음과 같다.

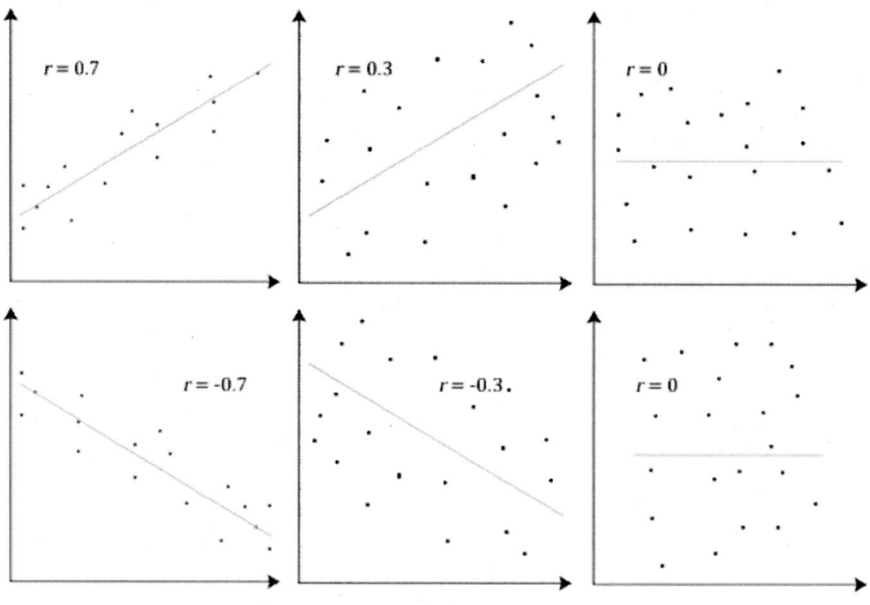

그림 4.1 자료의 범위에 따른 r값

$$SS_x = \Sigma(x_i - \bar{x})^2$$
$$SS_y = \Sigma(y_i - \bar{y})^2 \quad (4.2)$$
$$SS_{xy} = \Sigma(x_i - \bar{x})(y_i - \bar{y})$$

때로는 r과 함께 R^2도 자주 사용되는데 이를 결정계수라고 한다.

예제 4.1

x, y의 값들이 다음과 같을 때 SS_x, SS_y, SS_{xy}, r, R^2의 값을 구하시오.

x	y	$x-\bar{x}$	$y-\bar{y}$	$(x-\bar{x})(y-\bar{y})$
1	3	−2	−2	4
2	6	−1	1	−1
4	4	1	−1	−1
5	7	2	2	4
$\bar{x}=3$	$\bar{y}=5$	$SS_x=10$	$SS_y=10$	$SS_{xy}=6$

$$SS_x = 4+1+1+4 = 10$$
$$SS_y = 4+1+1+4 = 10$$
$$SS_{xy} = 4-1-1+4 = 6$$
$$r = \frac{6}{\sqrt{10\times 10}} = 0.6$$
$$R^2 = 0.6\times 0.6 = 0.36$$

4.2 1차 선형회귀분석

1차 선형회귀분석이란 y와 x 값의 관계를 1차 방정식의 형태로 표현한 것으로 제약 산업 등에서 모델링에 자주 사용되므로 반드시 위 관계를 알아 두어야 한다. 1차 선형회귀방정식은 다음과 같이 나타낼 수 있다.

$$
\begin{aligned}
& y = a + bx \\
& b = \frac{\sum_{i=1}^{n}\left((x_i - \bar{x})(y_i - \bar{y})\right)}{\sum_{i=1}^{n}(x_i - \bar{x})^2} = \frac{SS_{xy}}{SS_x} \\
& a = \bar{y} - b\bar{x}
\end{aligned}
\tag{4.3}
$$

여기서 a, b는 상수, $\bar{x}$는 x값의 평균, $\bar{y}$는 y값의 평균이다.

선형회귀방정식의 한 예로 세계 에너지 사용량과 경제규모(GDP)의 관계를 그림 4.2에 나타내었다.

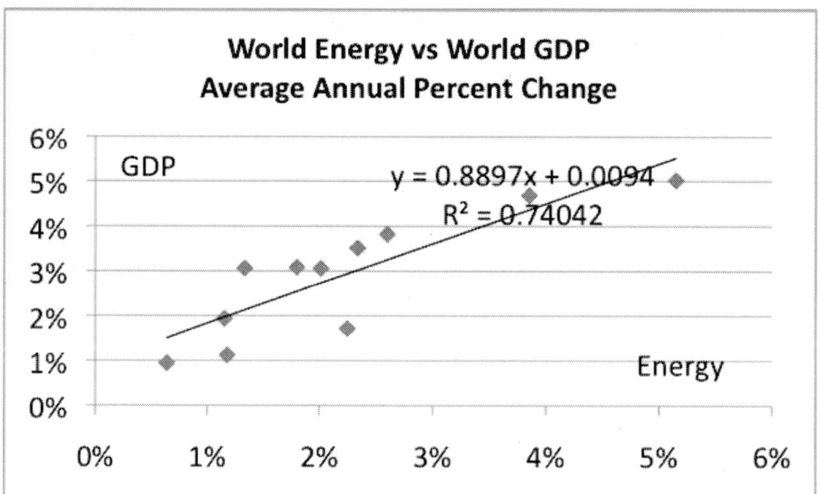

그림 4.2 각 나라의 경제규모와 에너지 사용량의 상관관계

추정의 표준오차(standard error of estimate, S_{est})는 다음의 공식으로 계산된다.

$$S_{est} = \sqrt{\frac{\Sigma(y-\hat{y})^2}{(n-2)}} \quad (4.4)$$

여기서 y는 실제값이고 $\hat{y}$은 회귀방정식의 값이다.

예제 4.2

예제 4.1의 값들을 이용하여 (ⅰ) 회귀방정식과 (ⅱ) 추정의 표준오차를 구하시오.

(ⅰ) $b = \frac{SS_{xy}}{SS_x} = \frac{6}{10} = 0.6$, $a = 5 - 0.6 \times 3 = 3.2$이므로 회귀방정식은

$y = 3.2 + 0.6x$이다.

(ⅱ) $S_{est} = \sqrt{\frac{6.4}{2}} = 1.79$

x	y	$\hat{y} = 3.2 + 0.6x$	$(y-\hat{y})^2$
1	3	3.8	0.64
2	6	4.4	2.56
4	4	5.6	2.56
5	7	6.2	0.64
$\bar{x}=3$	$\bar{y}=5$		6.4

4.3 다변량 선형회귀방정식

종속변수(y)에 대한 독립변수(x)가 여러 개 있는 경우가 가장 일반적이다. 이 절에서는 그중에서도 다변량 선형회귀 방정식에 대해서만 알아보고자 한다. 보다 일반적인 상관관계에 대해서는 별도의 통계학이나 수학교재로 학습해야 한다. 다변량 선형회귀 방정식의 일반적인 형태는 다음과 같다.

$$y_i = \beta_0 + \beta_1 x_{i1} + \ldots + \beta_p x_{ip} + \epsilon_i \qquad (4.5)$$

여기서 β는 계수, x_i는 독립변수, y_i는 종속변수이고 ϵ_i는 오차항이다.

제약산업에서는 독립변수가 2개(x_1, x_2)인 경우의 선형회귀방정식이 자주 사용된다. 예를 들면 정제의 제조공정에 대한 회귀분석 모델에서 주성분의 함량은 $y = b_0 + b_1 x_1 + b_2 x_2$로 표시 가능하다. 여기에서 x_1은 주성분의 원료순도, x_2는 정제의 총질량을 의미할 수 있다. 독립변수가 2개 이상인 경우에는 계수를 구하는 공식이 대단히 복잡하며 대부분 엑셀 프로그램을 사용하여 그 값들을 구한다.

4.4 엑셀 이용하기

1) 상관분석

엑셀 함수 이용하기

엑셀의 CORREL 함수를 이용하여 상관계수를 구할 수 있다. 상관계수를 반환할 셀을 선택한 후 [함수 마법사]에서 CORREL을 선택한다. [함수 인수] Array1과 Array2에 상관분석을 할 변수의 범위를 지정한 후 [확인]을 누르면 상관계수를 반환한다.

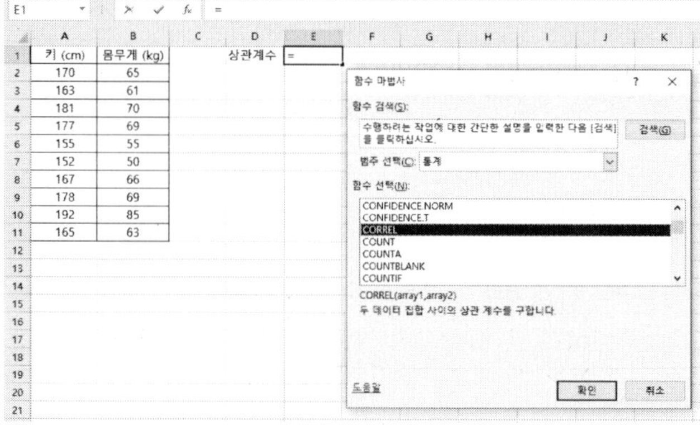

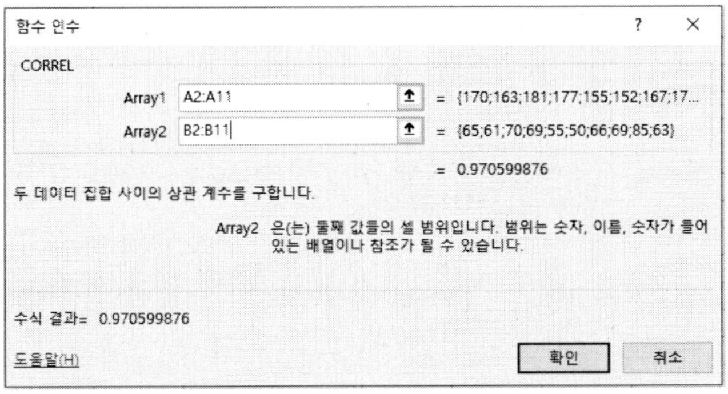

엑셀의 [데이터 분석] 기능 이용하기

[데이터] 탭에서 앞에서 설치한 추가 기능 [데이터 분석]을 실행하고 상관분석을 선택한다. [상관 분석] 창에서 데이터의 입력범위를 지정해 주고 첫째 행 이름 사용 여부에 따라 [첫째 행 이름표 사용] 체크를 확인하고 출력범위를 지정해 준 후 [확인]을 누른다. 지정된 출력범위에서 각 변수 간 상관계수가 표로 반환된다. 단, 엑셀에서는 상관계수의 유의성 검정을 자동으로 제공하지 않는다.

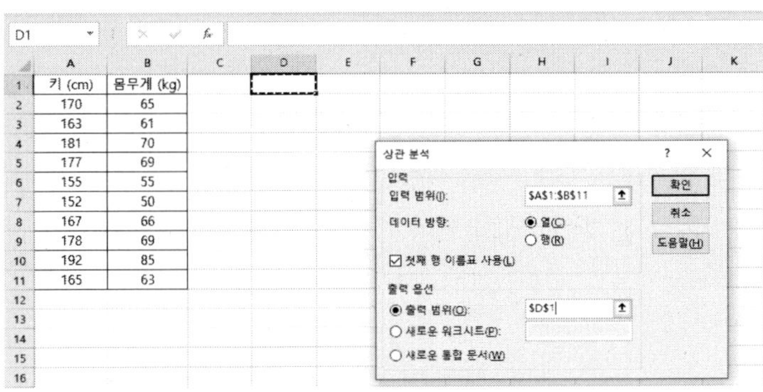

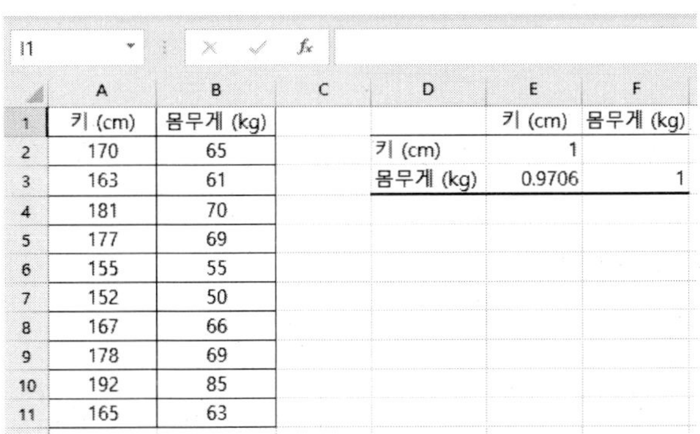

2) 회귀분석

엑셀의 [데이터 분석] 기능 이용하기

[데이터] 탭에서 앞에서 설치한 추가 기능 [데이터 분석]을 실행하고 회귀분석을 선택한다. 활성화된 [회귀 분석] 창에서 독립변수 x와 종속변수 y의 범위를 지정하고 이름표가 있는 경우 체크한다. 신뢰수준은 일반적으로 95%를 설정한다. 출력범위를 지정하고 회귀방정식의 예측치와 관측치의 차이가 필요한 경우 잔차를 체크한다. 설정이 완료되면 확인을 누른다.

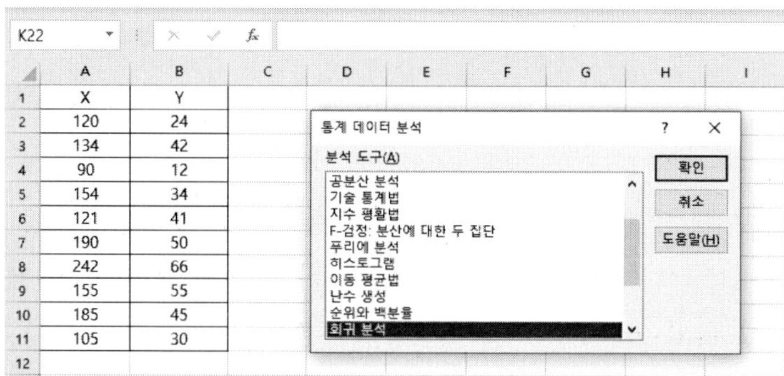

회귀분석 결과는 다음과 같이 도출된다. 맨 아래 표에서 계수가 y 절편과 독립변수 x항의 계수이며 회귀식은 $y=0.2937x-4.0444$로 나타낼 수 있다. 회귀식을 해석하면 독립변수 x가 1단위 증가하면 종속변수 y는 0.2937 증가한다고 설명할 수 있다. 회귀분석 통계량에서 결정계수는 R^2이라고 하며 위의 회귀식에 의해서 자료가 설명되는 정도를 나타낸다. 분산분석에서 [유의한 F]가 0.05 이하일 때 독립변수 x가 종속변수 y를 통계적으로 유의하게 설명한다고 판단하며 이는 아래 x의 계수의 p 값과 동일하다.

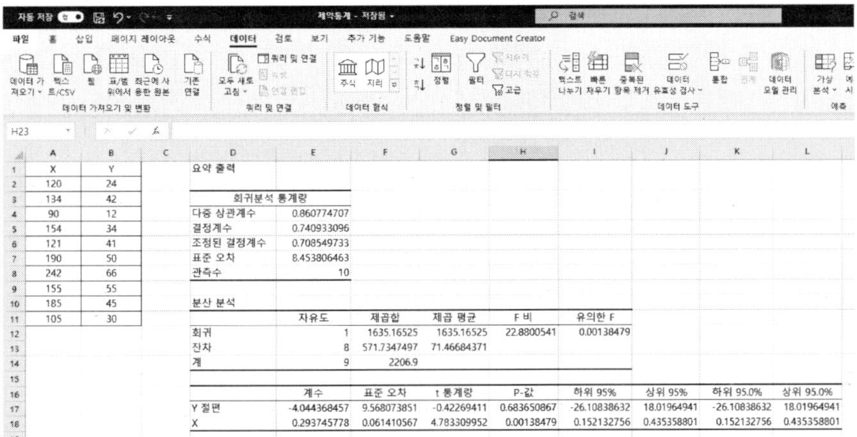

단순선형회귀분석의 회귀식과 결정계수 R^2은 자료를 이용하여 분산형 차트를 그린 후 (삽입 탭의 차트 부분 이용) 추세선으로부터 얻을 수 있다. 차트 자료에서 오른쪽 클릭을 하여 추세선을 추가하고 추세선 서식에서 [수식을 차트에 표시] 부분과 [r-제곱 값을 차트에 표시] 부분을 체크하면 위의 회귀분석과 동일한 회귀식과 R^2값을 얻을 수 있다.

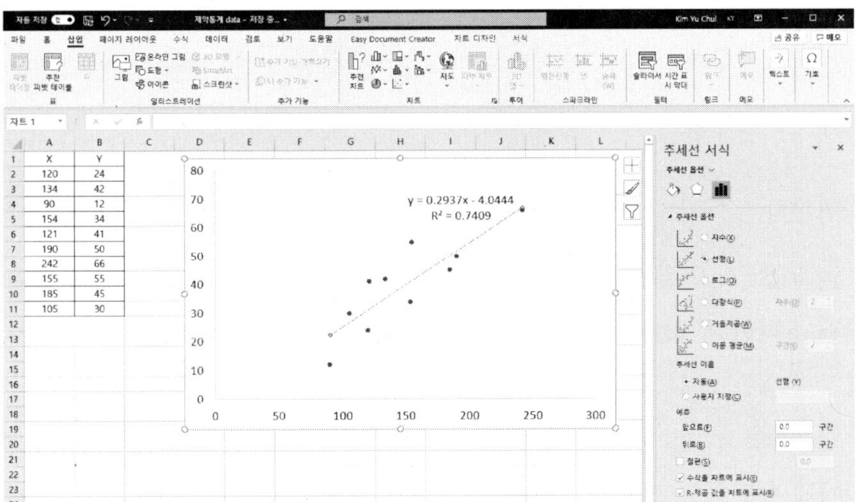

다수의 독립변수를 이용하는 다변량 선형회귀분석의 경우 회귀분석을 동일하게 실행한 후 독립변수의 범위를 모두 지정하면 각 열을 독립변수로 인식하여 다변량 선형회귀분석을 수행하게 된다.

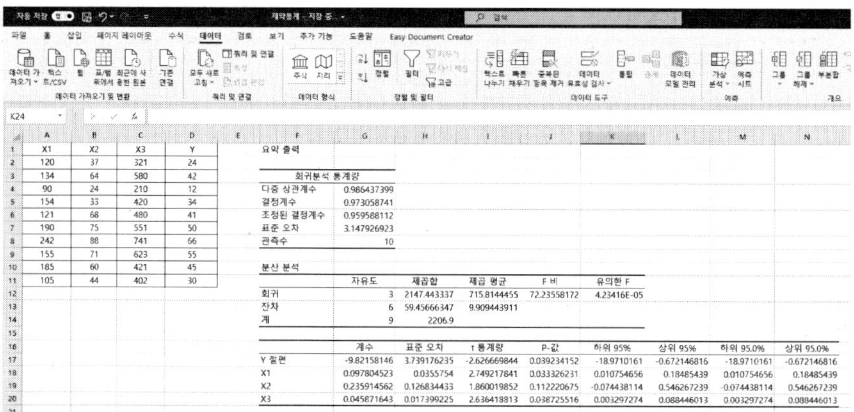

위의 회귀분석은 독립변수가 x_1, x_2, x_3인 경우의 다변량 선형회귀분석의 예시이며 회귀식은 $y = 0.0978x_1 + 0.2359x_2 + 0.04587x_3 - 9.8216$이고 결정계수 R^2은 0.9731이다. 분산분석 결과 유의한 F 값이 0.05보다 작으므로 본 회귀식이 유의하다고 할 수 있으나 아래 각 독립변수에 대한 p 값 중 독립변수 x_2는 유의하지 않으므로 제외하고 x_1과 x_3만으로 회귀분석을 재수행할 수 있다. 이때 다변량 회귀분석의 경우 독립변수가 증가하면 결정계수가 반드시 낮아지므로 회귀모형 간의 비교를 위해서는 독립변수 증가에 대해 penalty를 부여하는 수정된 결정계수(adjusted, R^2)를 사용하는 것이 일반적이다.

연습문제

1 다음의 자료가 있다. 엑셀을 이용하여 계산하시오.

x	y
1	2
3	4
5	5

(i) Pearson 상관 r을 구하시오.
(ii) 회귀방정식을 구하시오.
(iii) 추정의 표준오차를 구하시오.

2 여러 가지 다변량 방정식의 예를 드시오.

3 엑셀을 이용하여 키와 체중의 상관계수와 회귀방정식을 구하시오.

A	B	C
사람	체중 KG	키 CM
	54	170
	69	182
	59	176
	49	162
	76	177
	55	168
	66	166
	88	189
	45	166
	50	172

부산 출신 노벨 화학상 수상자 페더슨

우리나라는 김대중 전 대통령이 노벨 평화상을 2000년에 수상하였으나 아직까지 과학부문에는 노벨상 수상자가 나오지 않고 있다. 과학부문 노벨상은 화학상, 물리학상, 생리의학상의 3개가 존재하며 과학계에서 가장 권위를 인정받는 학술상이다. 2020년 현재까지도 한국에는 과학부문 노벨상 수상자가 나오지 못하고 있다. 그러나 국적의 범위를 뛰어넘어 출생지를 기준으로 할 때 한국은 한 명의 노벨 화학상 수상자를 이미 배출하였다.

페더슨(Charles John Pedersen, 1904~1989)은 노르웨이 해양과학자인 아버지 Brede Pedersen과 어머니 Takino Yasui 사이에서 3남매의 막내로 대한제국시절인 1904년 10월 3일 부산에서 태어났다. 8살 되던 해에 페더슨은 일본 나가사키에 보내졌고 이후 요코하마 소재 St. Joseph College에 입학하였다(위 대학은 현재는 폐쇄된 상태이다). 이후 그는 미국 오하이오주 소재 데이튼 대학 화학공학과에 유학하였고 학사학위를 취득하였다. 그후 미국 보스톤 소재 MIT에서 석사 학위를 취득하였으며 지도교수가 박사과정 진학을 권유하였으나 그는 거절하고 유명 화학회사인 듀퐁(Du Pont)사에 연구원으로 입사하였다.

듀퐁사에서는 배위화학(coordination chemistry) 분야에서 연구를 집중하였으며 거대 분자를 녹이는 크라운 용매(Crown solvent)를 최초로 발견하였다. 이러한 업적으로 그는 1987년 Donald Cram, Jean-Marie Lehn과 공동으로 노벨화학상을 수상하였다. 그는 박사 학위가 없는 몇 안 되는 노벨과학상 수상자 중 한 명이다.

제 5 장

표본추출

5.1 난수표

표본은 전체 모집단에서 몇 개의 샘플을 뽑은 것을 말한다. 표본의 추출에서 가장 중요한 점은 모집단을 대표할 수 있도록 표본이 선정되어야 한다는 것이다. 즉, 전체적으로 고르게 표본이 선정되어야 한다. 특정 집단이나 특정 부분에서 많은 표본들이 수집되면 모집단을 대표하기 힘들고 이는 곧 왜곡된 결과를 불러온다. 이를 통계에서는 편의(bias)라고 하며 올바른 분석을 위해서는 절대로 피해야 하는 것이다. 따라서 표본추출 시 모집단을 대표할 수 있도록 설계하는 것이 매우 중요한데 이를 위해 가장 많이 사용되는 것이 난수표이다.

난수표는 제1차 세계대전 시기에 러시아군에 의해서 처음 사용되었으며 이후 많은 연구와 경험을 거쳐 현재 널리 이용되고 있다. 가장 대표적으로는 온라인에서 물품을 구입하거나, 비밀번호 등에 입력해야 하는 여섯 자리 숫자들이 있다. 난수표는 아무 생각 없이 숫자들을 나열한 것이 아니고 확률적으로 연구를 거쳐 각 수들 간의 상관관계가 0이 되도록 배열한 숫자들이다. 따라서 이론적으로는 난수표의 수들은 서로 연관관계가 없기 때문에 이들을 이용하면 독립적으로 표본을 추출할 수 있다. 표 5.1에 전형적인 난수표가 나와 있다. 현대에 들어서는 컴퓨터로 난수표의 생성이 가능하다.

난수표를 읽는 방법은 다음과 같다. 우선 눈을 감거나 뒤로 돌아서서 특정 숫자를 지정한다. 이 숫자에서부터 좌우상하로 1개, 2개, 혹은 몇 개씩 세트로 숫자를 읽는다. 진행하다가 가장 끝 부분이 나오면 위 아래로 자유로이 진행할 수 있다. 예를 들면 표 5.1 난수표에서 98을 선택하면 다음과 같다.

오른쪽 $\Rightarrow$ 98, 63, 71, 62, 33, 26 ...
왼쪽 $\Leftarrow$ 98, 46, 61, 36, 47 ...
아래쪽 $\Downarrow$ 98, 53, 90, 03, 62, 37 ...

난수표를 읽을 때는 전체 모집단의 수가 2자리(10~99)이면 2자리씩 난수표를 읽어야 하고, 모집단의 수가 3자리이면(100~999) 세 자리씩 난수표를 읽어야 한다는 점에 주의해야 한다. 예를 들어 모집단의 수가 600이면 그 수치를 초과하는 숫자(709)가 나오거나 반복되는 수(546, 546)가 나올 경우에도 다음 수로 건너뛰어야 한다. 또한 난수표를 이용하기 위해서는 반드시 모집단에 숫자를 각각 다르게 하나씩 사전에 부여해야 한다.

표 5.1 전형적인 난수표

03.47.43.73.86	36.96.47.36.61	46.**98**.63.71.62	33.26.16.80.40
97.74.24.67.62	42.81.14.57.20	42.53.32.37.32	27.07.35.07.51
16.76.62.27.66	56.50.26.71.07	32.90.79.78.53	13.55.38.58.59
12.56.85.99.26	96.96.68.27.31	05.03.72.93.15	57.12.10.14.21
55.59.56.35.64	38.54.82.46.22	31.62.43.09.90	06.18.44.32.53
16.22.77.94.39	49.54.43.54.82	17.37.93.23.78	87.35.20.96.43
84.42.17.53.31	57.24.55.06.88	77.04.74.47.67	21.76.33.50.25
63.01.63.78.59	16.95.55.67.19	98.10.50.71.75	12.86.73.58.70
33.21.12.34.29	38.64.56.07.82	52.42.07.44.38	15.51.00.13.42
57.60.86.32.44	09.47.27.96.54	49.17.46.09.62	90.52.84.77.27
18.18.07.92.46	44.17.16.58.90	79.83.86.19.62	06.76.50.03.10
26.26.38.97.75	84.16.07.44.99	83.11.46.32.14	20.14.85.88.45
23.42.40.64.74	82.97.77.77.81	07.45.32.14.08	32.98.94.97.72
52.36.28.19.95	50.92.26.11.97	00.56.76.31.38	80.22.02.53.55
37.85.94.35.12	83.39.50.08.30	42.34.07.96.88	54.42.06.87.98

예제 5.1

표 5.1의 난수표를 이용하여 모집단에서 표본을 추출하고자 한다. 전체 모집단은 60명이며 이 중 5인을 선발하고자 하며 첫 수는 98로 지정되었고 오른쪽으로 읽고자 한다. 5명의 번호를 선정하시오.

첫 수로 선정된 98은 60을 넘는 수이기 때문에 제외, 63도 제외, 71 제외, 62 제외, 33 선정, 26 선정, 16 선정, 80 제외, 40 선정, 51 선정. 따라서 선택된 번호는 33, 26, 16, 40, 51이다.

5.2 표본의 추출법

표본의 추출법으로는 단순무작위추출(systemic sampling), 층화추출(stratified sampling), 집락추출(cluster sampling) 등이 있다. 단순무작위추출은 모집단을 하나의 단일집단으로 보고 전 모집단에 대해 무작위로 난수표 등을 읽어서 표본을 추출한다. 이 경우에는 상황에 따라 약간의 문제가 생길 여지가 있다. 예를 들어 임상시험에서 성인남자, 성인여자, 소아 등을 분류한 후 시험을 실시하고자 할 때 단순무작위추출을 시행하면 특징 집단에서 많은 표본이 뽑히고 다른 집단에서는 아주 적은 수가 뽑히는 경우의 수가 있다. 이렇게 뽑힌 표본은 통계분석으로 부적절할 수 있다.

반면 층화추출은 미리 모집단을 성인남자 그룹, 성인여자 그룹, 소아 그룹으로 분류한 뒤 각 그룹에 인원을 n명씩 할당한다. 그 후 각 그룹 내에서만 난수표를 읽어서 표본을 구한다. 이와 같은 방식은 통계분석을 위한 최소량을 충족하면서 임의적인 추출이므로 대부분의 경우 가장 선호하는 방식이다.

집락추출은 먼저 적당히 성인남자, 성인여자, 소아를 함유한 몇 개의 집단을 구성한 후 난수표를 읽어서 특정 집단 전체를 선택하는 방식이다. 예를 들면 그룹 I, II, III으로 나누고 그 중 그룹 II 전부를 선택한다. 물론 그룹 II에는 성인남자, 성인여자, 소아가 적절히 배분되어 있다. 위의 3가지 집락추출 중에서는 층화추출이 가장 선호되는 집단추출법이다.

표본추출에서 가장 범하기 쉬운 오류는 우연적 추출이다. 우연적 추출은 특별한 추출계획 없이 조사자가 임의로 표본을 선택하는 것으로서 길거리선호도 조사, 쇼핑몰에서의 임의적 설문조사, 온라인 여론조사 등이 있다. 이런 경우에는 특정 시간, 특정 범주의 사람들이 표본으로 선택될 가능성이 아주 높으므로 이 표본들은 모집단 전체를 대표한다고 할 수 없는 경우가 많다. 따라서 이런 결과를 이용한 분석들은 잘못된 결과를 초래할 수 있다. 특히 선거 등에서 여론조사의 결과가 틀리게 나오는 경우가 제법 많은데 이것들도 표본선택의 오류에서 발생할 가능성이 매우 높다.

5.3 표본평균분포

모집단에서 표본을 추출할 때에는 다음과 같은 몇 가지 문제를 생각해 보아야 한다.

- 몇 개(몇 %)의 표본을 추출하는 것이 좋은지?
- 한 번에 여러 표본을 추출하는 것이 좋은지, 작은 표본을 여러 번 추출하는 것이 좋은지?
- 모집단의 분포 성향은 표본의 분석에 어떤 영향을 미치는지?

이에 대한 수학적/통계학적 결과는 작은 수의 표본들을 여러 번 추출하는 것이 정규분포에 가까운 결과를 얻기 때문에 보다 정확하다고 할 수 있다. 예를 들어 모집단의 수가 {0, 4}만 존재하고 그 평균값을 구한다고 해 보자. 이때 무작위로 2개씩 표본을 추출하면 {0, 0}, {0, 4}, {4, 0}, {4, 4}의 4가지 종류의 분포가 나오고 그 평균값들은 {0, 2, 2, 4}의 분포를 이룬다. 만약 3개씩 표본을 추출하면 {0. 0, 0}, {0. 0, 4}, {0. 4, 0}, {0. 4, 4}, {4. 0, 0}, {4. 0, 4}, {4. 0, 4}, {4. 4, 4}의 8가지 종류의 분포가 나오고 그 평균값들은 {0, 1.3, 1.3, 1.3, 2.7, 2.7, 2.7, 4}의 분포를 이룬다. 위 결과에서 보듯이 표본의 수를 늘리면 그 값들의 분포는 점차 정규분포에 가까운 모양을 보인다.

표본평균분포는 모집단에서 추출한 일정한 수의 표본들에 대한 평균값들의 분포를 의미한다. 여기서 도출된 중심극한정리(central limit theorem)는 통계학에서 매우 중요한 의미를 지닌다. 중심극한정리는 무한모집단에서 무작위로 추출된 표본이 평균 μ, 표준편차 σ인 경우, 표본의 크기가 커짐에 따라 표본평균($\overline{x}$)은 근사적으로 평균 μ, 표준편차 $\sigma/\sqrt{n}$의 정규분포를 따른다는 것이다. 중요한 점은 모집단이 전혀 정규분포의 모양을 이루지 않더라도 여러 번 표본을 추출하면(30회 이상) 그 표본들의 평균은 점차 정규분포의 모양을 이루어간다는 것이다. 따라서 이 이론에 따르면 모집단의 전체수와 관계없이 여러 번 표본을 추출하고 그 표본들의 평균값들의 분포를 분석함으로써 정확한 모집단의 평균, 표준편차를 추정할 수 있다. 중심극한정리는 단순한 경험칙이 아니라 엄밀한 수학적 증명에서 나온 정리이다. 그림 5.1은 이 정리를 도표로 나타내고 있다.

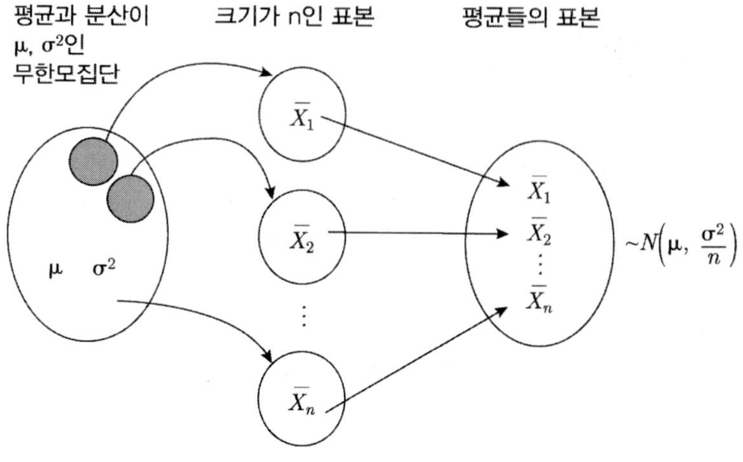

그림 5.1 표본평균분포

모집단의 특성을 나타내는 값으로서 평균(μ)과 표준편차(σ)를 주로 나타낸다. 그리고 표본평균분포는 모집단과 구분하기 위해서 평균($\bar{x}$)이라는 용어와 특히 표준오차($\sigma/\sqrt{n}$)라는 용어를 사용한다. 따라서 표준편차와 표준오차는 그 의미가 상당히 다르다는 점을 분명히 인식해야 한다. 표준편차는 모집단 자체의 편차(분포)를 말하며, 표준오차는 표본평균값을 이용하여 모집단의 값을 추정할 때 발생하는 오차(error)라는 점을 분명히 알아두어야 한다. 당연히 표본(n)의 수가 모집단 전부를 포함하도록 커지면 모집단 값을 정확하게 추정하게 되고 오차는 매우 작을 것이다. 표본평균분포의 정규분포는 다음의 식으로 주어진다.

$$z = \frac{(\bar{x} - \mu)}{(\sigma/\sqrt{n})} \tag{5.1}$$

여기서 n은 표본의 수 이다.

모집단의 표준편차와 표본평균분포의 표준오차와의 관계를 그림 5.2에 나타내었다. 그리고 그림 5.3에 나타나 있는 것처럼 표본평균들의 숫자가 증가하면 표준오차 값이 작아져서 그 표본평균분포는 모집단을 보다 정확하게 추정할 수 있게 해준다. 따라서 표본을 통해 미지의 모집단을 추정하고자 하는 경우에는 무엇보다도 표본의 수를 늘리는 것이 가장 중요하다.

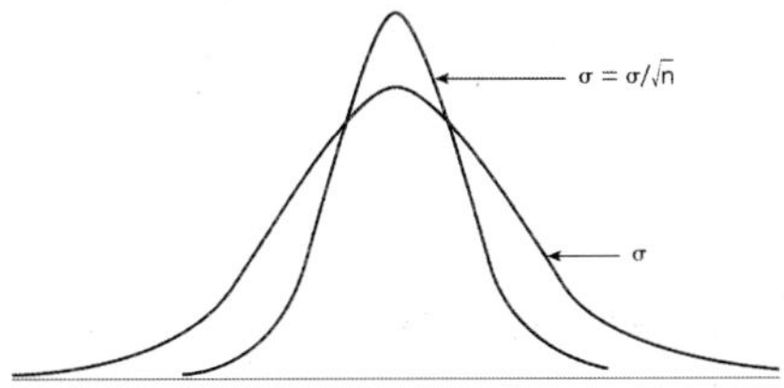

그림 5.2 표준편차(σ)와 표준오차($\sigma_x = \sigma/\sqrt{n}$)의 관계

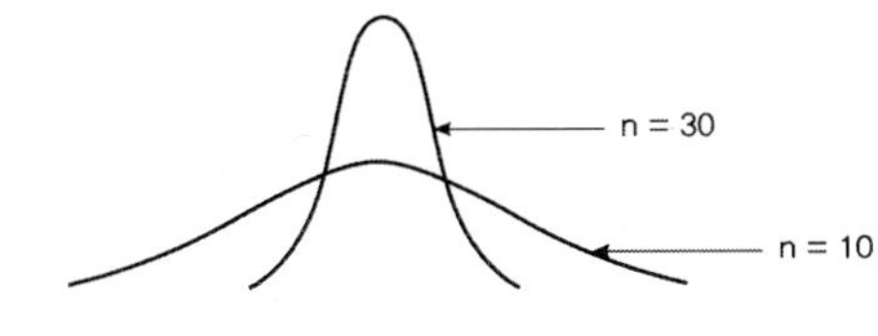

그림 5.3 표본수와 표준오차의 관계

예제 5.2

어느 대학의 학생들 평균키를 조사해 보니 평균 170 cm, 표준편차 10 cm가 나왔다. 표본수의 변화에 대한 분석을 위해 표본수를 9개, 25개, 100개로 할 경우 학생들의 평균키가 173 cm 이상으로 잘못 나올 확률은?

9명의 경우를 계산해 보면 $z = \dfrac{(173-170)}{\dfrac{10}{\sqrt{9}}} = 0.9$이므로

정규분포표로부터 $p = 0.1841$.

25명의 경우를 계산해 보면 $z = \dfrac{(173-170)}{\dfrac{10}{\sqrt{25}}} = 1.5$이므로

정규분포표로부터 $p = 0.0668$.

100명의 경우를 계산해 보면 $z = \dfrac{(173-170)}{\dfrac{10}{\sqrt{100}}} = 3.0$이므로

정규분포표로부터 $p = 0.0013$.

즉 추출한 표본의 크기를 9명에서, 25명, 100명으로 증가시키면 잘못된 결과가 나올 가능성이 18.41%, 6.68%, 0.13%로 점차 줄어든다. 따라서 정확한 모집단의 분석을 위해서는 무엇보다도 표본의 수를 크게 하는 것이 중요하다.

5.4 신뢰구간

5.3절에서 공부한 표본평균분포를 이용하여 신뢰구간(Confidence Interval, CI)을 작성하는 일은 가설검정을 할 때 매우 중요하다. 따라서 정확한 가설검정을 하기 위해서는 신뢰구간을 이해해야 한다. 모집단이 정규분포를 이룬다고 가정하면 다음의 식이 성립한다.

$$z=\frac{(\bar{x}-\mu)}{\sigma/\sqrt{n}},\quad \mu=\bar{x}-z(\sigma/\sqrt{n}) \tag{5.2}$$

신뢰구간 계산을 위해서는 식 (5.2)를 다음과 같이 약간 변화시킨다.

$$\mu=\bar{x}\pm z(\sigma/\sqrt{n}) \tag{5.3}$$

$$\bar{x}-\frac{z\sigma}{\sqrt{n}}\le\mu\le\bar{x}+\frac{z\sigma}{\sqrt{n}} \tag{5.4}$$

식 (5.3)의 의미는 표본값들을 이용하여 모집단의 범위를 추정(estimation)하는 데 있다. 추정에는 한 값으로 나타내는 점추정과 범위로 나타내는 신뢰구간추정이 있다. 점추정은 식 (5.3)에서 $z=0$인 경우에 해당하며 이때는 모집단의 평균 $\mu=\bar{x}$가 성립한다. 구간추정 시에는 구간의 범위에 따라 z값이 변할 수 있다. 표본의 값을 $\mu=\bar{x}$로만 하는 것과 $\bar{x}-\frac{z\sigma}{\sqrt{n}}\le\mu\le\bar{x}+\frac{z\sigma}{\sqrt{n}}$의 구간을 제시하는 것은 그 의미가 상당히 다르다. 즉 구간을 제시하는 것이 보다 넓은 정보를 제공한다고 말할 수 있으며 가설검정에서도 점차 설득력을 얻고 있다.

표 5.2 모집단이 정규분포를 이룰 경우 신뢰구간과 z와의 관계

신뢰도 계수	z
99%	2.58
95%	1.96
90%	1.645
80%	1.28

예를 들어 95% 신뢰구간인 경우 다음과 같이 표시된다.

$$\bar{x}-\frac{1.96\sigma}{\sqrt{n}} \leq \mu \leq \bar{x}+\frac{1.96\sigma}{\sqrt{n}} \tag{5.5}$$

신뢰구간의 범위는 신뢰계수가 높아짐에 따라 더 넓어진다.

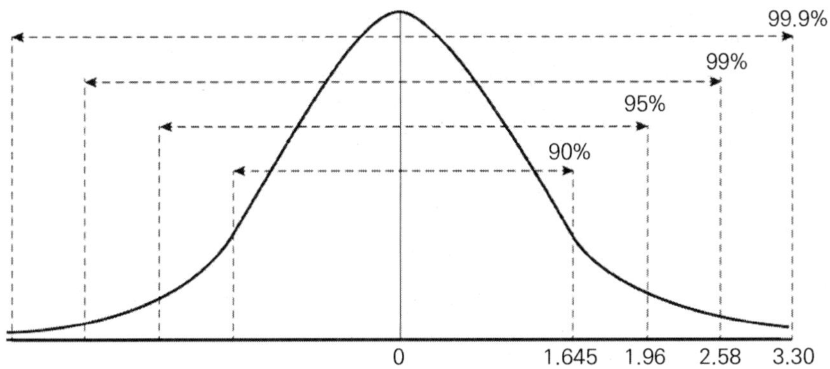

그림 5.4 정규분포의 신뢰구간

예제 5.3

총선에서 A후보는 여론조사 결과 평균지지율 45%, 표준편차 15%였다. 여론조사 응답자의 수가 100명일 때, 90%, 95%, 99%의 신뢰도구간을 계산하시오.

90% 신뢰구간: $45-\frac{1.645\times15}{\sqrt{100}} \leq \mu \leq 45+\frac{1.645\times15}{\sqrt{100}}$ 이므로

$42.53 \leq \mu \leq 47.47$

95% 신뢰구간: $45-\frac{1.96\times15}{\sqrt{100}} \leq \mu \leq 45+\frac{1.96\times15}{\sqrt{100}}$ 이므로

$42.06 \leq \mu \leq 47.94$

99% 신뢰구간: $45-\frac{2.58\times15}{\sqrt{100}} \leq \mu \leq 45+\frac{2.58\times15}{\sqrt{100}}$ 이므로

$41.13 \leq \mu \leq 48.87$

5.5 엑셀 사용하여 난수표 생성

엑셀 상단의 함수삽입-RANDBETWEEN을 선택한다. 이후 Bottom에 1000, Top에 9999를 입력하면 1000과 9999 사이의 4자리 수 난수가 자동생성된다. 이후 드래그 기능을 사용하면 다양한 난수표를 만들 수 있다.

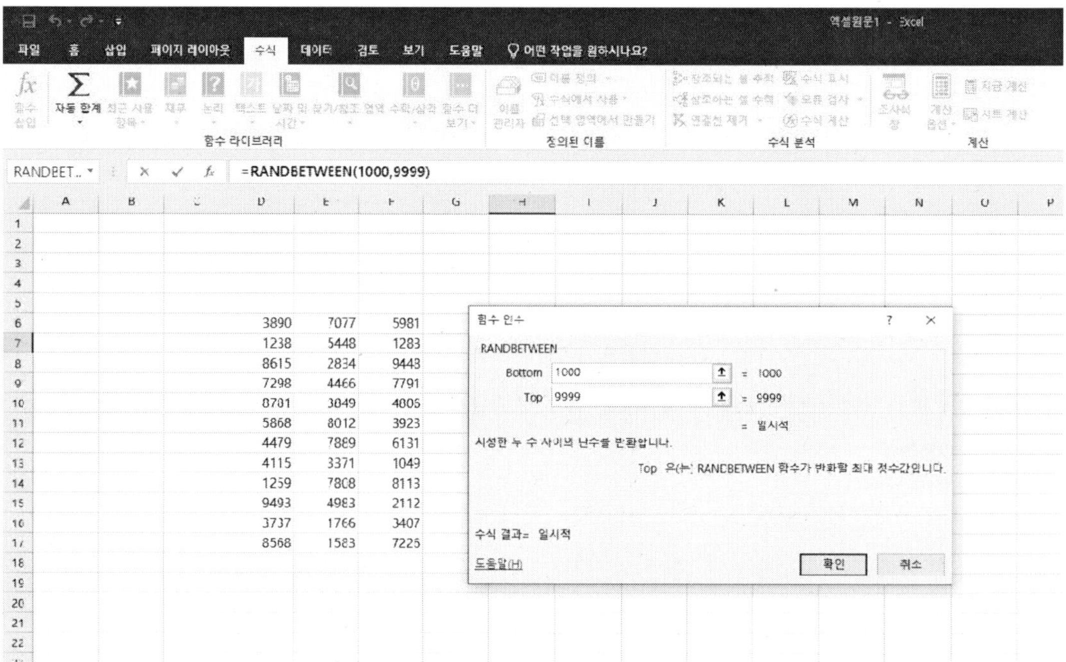

연습문제

1 표 5.1의 난수표를 읽어서 8,000명의 대학생 중 임의로 10명을 추출하시오(난수표의 첫 수가 4698이었으며 아래로 읽어나가고자 한다).

2 총선에서 A 후보는 여론조사 결과 평균 지지율 40%, 표준편차 20%였다. 여론조사 응답자의 수가 50명일 때, 95%의 신뢰도구간을 계산하시오.

3 엑셀을 사용하여 난수표를 생성하시오.

기적의 항암제 글리벡(Gleevec)

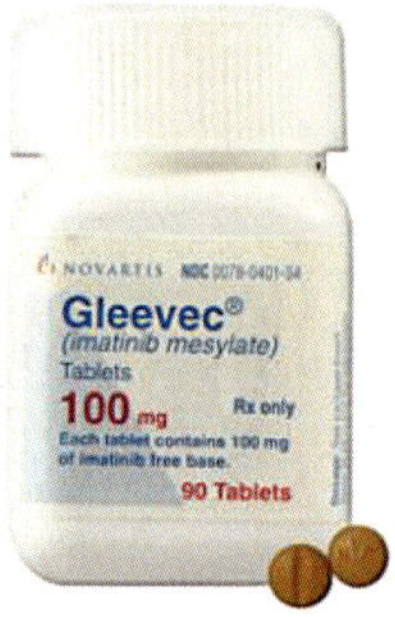

암은 유사 이래 인간을 가장 괴롭혔고 현재도 사망원인 1위를 차지하는 치명적인 질병이다.

암의 발생 원인은 아직도 정확히 밝혀지지는 않았지만, 지금까지 쌓여온 지식으로 판단해 보면, 정상적인 세포의 유전자나, 암 억제 유전자에 돌연변이가 생겨서 나타난다고 알려져 있다. 또한 유아나 젊은 사람에 비해 노인이 될수록 암 발생이 많아지는 것은 살아가면서 다양한 외부의 환경 요인 또는 발암인자에 노출되는 경우가 증가하기 때문이다. 이것들의 영향이 세포, 특히 유전자에 조금씩 쌓이고 결국 유전자의 변형을 일으켜서 암이 발생하는 것으로 추정되고 있다.

암의 치료로는 항암제의 복용과 방사선 치료가 주를 이루고 있다. 항암제는 약물로서 암을 치료하는 것으로서 그동안은 주로 시행오차나 전통의약에 기초하여 항암제를 개발해 왔으며 약효가 뚜렷한 것은 그리 많지 않았다.

글리벡은 스위스의 제약회사 노바티스(Novaris)에 의해 개발된 만성골수성 백혈병 치료제로서 2001년 미국에서 시판허가를 받았다. 글리벡은 항암제 중에서 세포의 작동 메커니즘에 근거하여 개발된 최초의 신약이며 정제형태로서 복용도 매우 간편하다. 글리벡은 암유전자인 필라델피아 유전자에 의해 만들어지는 티로신 카이제이즈의 활성을 선택적으로 억제한다. 글리벡은 만성골수성 백혈병에 매우 탁월한 효과를 보이며 기존 항암제와는 다르게 부작용이 거의 없으며, 위암 등 다른 암종에서도 효과가 있는 것으로 알려져 있다. 글리벡은 세포활성 메커니즘 연구의 기폭제가 되어서 현재는 다양한 질병에 대해서 작용 메커니즘의 연구가 매우 활발하다. 그러나 이 약은 효과가 좋지만 값이 너무나 비싸서 환자들이 약을 복용하기 너무 부담스럽다는 단점이 있다.

제 6 장

정규분포 가설검정

6.1 가설검정의 기본원리

가설검정이란 모집단에서 추출된 표본을 이용하여 통계분석을 실시한 후 모집단의 특성을 파악하는 방법이다. 가설검정은 모집단에 대해 귀무가설과 대립가설을 제시한다. 귀무가설은 H_0로 표시되며 대체로 특정 모집단이 다른 모집단과 동일하다는 가설을 제시한다. 대립가설은 H_1으로 표시되며 이 모집단은 다른 모집단과 다르다는 가설을 제시하는 것으로 귀무가설을 기각한 후에 채택된다. 이러한 가설검정 기법은 현대통계학에서 매우 중요한 역할을 하며 제약업을 포함한 생산뿐만 아니라 심리학, 경제학, 정치학 등 인문사회분야에서도 널리 사용되고 있다.

일반적으로 가설검정은 4단계의 절차를 따른다.

단계1: 귀무가설 H_0와 대립가설 H_1의 설정

단계2: 통계기준의 설정, 통계함수의 선정

단계3: 표본의 수집(실험실시) 및 분석

단계4: 단계 2와 단계 3의 비교를 통한 결론

가설검정을 위한 첫 번째 단계는 가설을 설정하는 것이다. 가설(hypothesis)이란 분석하고자 하는 주장 또는 이론이라고 할 수 있다. 가설검정에서 중요한 점은 가설이 반드시 숫자화되어야 한다는 점이다. 가설을 수로 표시할 수 없는 경우에는 통계적 기법이 적용될 수 없다. 가설의 종류에는 귀무가설과 대립가설이 있다. 귀무가설은 영가설이라고도 하며 H_0로 다음과 같이 표시된다. H_0: $\mu=10$ 이것의 의미는 모집단의 평균이 10이라는 의미이다. 대립가설은 가설검정을 하기 위한 주장으로 흔히 H_1으로 다음과 같이 표시된다. H_1: $\mu\neq10$. 이것은 모집단의 평균이 10이 아니라는 것을 의미하며, 평균이 10보다 크거나 작은 경우를 모두 포함한다. 양측검정에서는 대립가설이 이렇게 표시되며, 귀무가설을 기각한 후 채택된다. 가설검정서 보통 검정하고자 하는 주장은 H_1으로 표시되며, 대립가설이 채택되기 위해서는 반드시 통계학적으로 귀무가설을 기각해야만 가능하다.

가설검정의 두 번째 단계는 가설검정을 채택하기 위한 기준을 설정하는 것이다. 여기에는 다시 두 가지 문제를 고려해야 된다. 하나는 채택범위의 설정이고 다른 것은 통계함수의 선정이다. 채택범위의 설정 시 사용되는 것은 유의도 수준(α)이다. 유의도 수준은 통계분석에서 통계적 오류가 발생하는 확률을 의미하며 보통 0.05를 사용한다. 통계적 오류를 최소화하는 것이 바람직하지만 그것을 충족하려면 다른 부분에서 상당한 부작용을 일으킬 수 있으므로 통상 5%의 통계적 오류를 인정한다. 이것을 통계학에서는 다음과 같이 표시한다. $\alpha=0.05$, 상황에 따라 좀 더 완화된 규정으로는 $\alpha=0.1$이나 강화된 규칙으로 $\alpha=0.01$ 등을 사용할 수 있으나 대부분의 경우에는 $\alpha=0.05$를 이용한다.

다음으로 가설검정에 사용할 통계함수를 선정하는 것이다. 각 통계함수는 대부분 충족해야 되는 가정들이 존재하고, 또한 적절한 통계함수를 선정하는 데에는 많은 경험이 필요하다. 이 부분은 통계전문가의 영역이며 이 책으로 공부하는 학생들의 범위를 넘어선다. 이 책에서는 다만 주어진 통계함수를 이용하는 방법만을 학습한다. 가설검정에 사용되는 통계함수는 모집단이 정규분포라고 가정하는 모수기법으로 정규분포 z, t 분포, 변량분석의 F 분포 등이 있고 비모수 기법으로 카이제곱(χ^2)검정, Mann-Whitney 순위검정, Wilcoxon 검정 등이 있다.

정규분포에서 유의도 수준이 의미하는 바를 그림 6.1에 나타내었다. 편의상 양측검정의 경우에 대해서 먼저 설명하고자 한다.

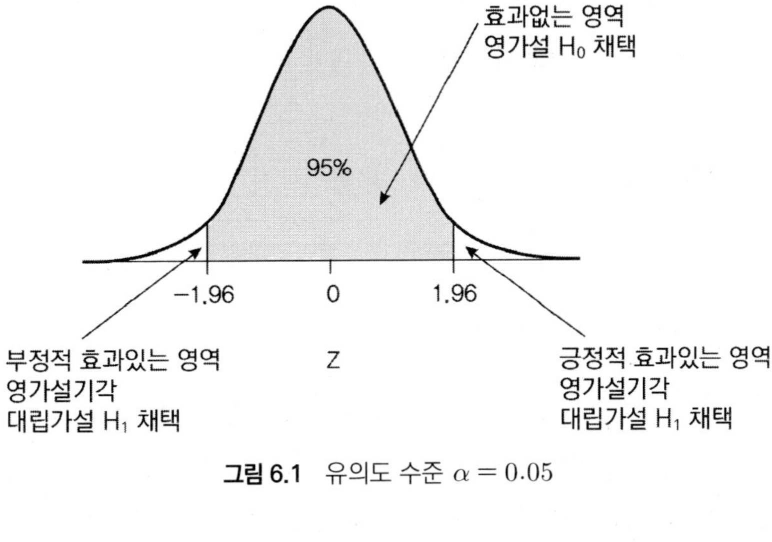

그림 6.1 유의도 수준 $\alpha=0.05$

정규분포 z 함수를 이용하고 양측검정을 사용할 경우 유의도 수준 0.05(5%)의 의미는 통계적으로 오차가 있을 경우, 양극단의 값을 5% 인정하겠다는 뜻이다. 정규분포함수는 정확히 대칭을 이루므로 한쪽 면만 고려하면 상위 2.5%에 해당된다. 이것을 p로 나타내면 $p < 0.025$라고 표시된다. 이 값은 정규분포표(첨부자료 1)에서 읽으면 $z = 1.96$이 된다. 따라서 유의도 수준 0.05라는 의미는 정규분포를 사용한 양측검정에서는 $z = 1.96$과 같은 의미이다. 가설검정에서는 z의 실험값이 $-1.96 \le z_{\text{실험}} \le +1.96$의 영역에 존재하면 귀무가설이 채택되고, $z_{\text{실험}} > +1.96$이거나 $z_{\text{실험}} < -1.96$의 영역에 존재하면 귀무가설을 기각하고 대립가설을 채택한다.

물론 통계함수가 t, F, χ^2 등으로 달라지면 이 값들도 변화된다. 사용하고자 하는 통계함수의 값들과 그 기준은 첨부자료의 표에 나타나 있다. 가설검정에서 중요한 점은 표본수집 이전, 즉 단계3이 실행되기 전에 통계적 유의도 수준과 통계함수가 결정되어야 한다. 실험 결과를 보고 유의도 수준과 통계함수를 결정하면 가설검정이 대립가설을 채택하는 방향으로 편향을 일으킬 가능성이 높아진다. 이 점은 올바른 통계분석에서 매우 중요한 사항이다.

세 번째는 표본을 수집하는 것이다. 표본수집 방법과 절차 및 그 종류에 대해서는 5장에서 언급하였다. 통계분석을 위해서는 충분한 표본이 수집되어야 하고 그 표본은 반드시 모집단을 대표할 수 있도록 추출되어야 한다. 표본의 수집에는 의약품 생산 샘플이나 임상시험에서 환자 수 등이 모두 포함된다. 정규분포일 경우 다음의 식으로 표본값 z가 계산된다.

$$z_{\text{실험}} = \frac{(\bar{x} - \mu)}{\left(\frac{\sigma}{\sqrt{n}}\right)} \tag{6.1}$$

흔히 $z_{\text{실험}}$은 p 값(p value)으로 표현된다. 위 공식에서 $\left(\frac{\sigma}{\sqrt{n}}\right)$를 주목해야 한다. 가설검정에서는 표본을 추출하여 모집단을 추측하는 것이 목적이기 때문에 5.3절에서 공부한 표본평균분포를 사용한다. 모집단의 정규분포 공식인 $z = \frac{(\bar{x} - \mu)}{\sigma}$는 모집단의 분석에만 사용되고 가설검정에서는 사용되지 않는다는 점을 이해하는 것이 상당히 중요하다. 식 (6.1)에서 $\bar{x}$는 표본의 분석에서 얻어진 평균값이며 μ는 모집단의 평균치를 의미한다. 위 식은 표본의 평균이 모집단과 비교했을 때 어느 정도 위치에 존재하는지를 묻고 있는 것이다.

마지막 네 번째 단계는 단계 3에서 계산된 표본의 값을 단계 2의 기준에 적용하여 그 결과를 판단한다. 표본의 평균값이 모집단과 비교해서 상당히 떨어져 있으면, 즉 $z_{실험} > +1.96$이면 표본의 평균은 원래의 모집단과는 다른 부류에 속한다는 의미를 가지고 있다. 예를 들어 단계 3에서 얻어진 z값이 2.00인 경우에는 기준인 1.96보다 크므로 귀무가설을 기각하고 대립가설을 채택한다. 만약 또 다른 가설검정에서 표본값이 1.70인 경우에는 기준 1.96보다 작으므로 귀무가설이 채택되고 대립가설이 기각된다. 정규분포를 이용한 가설검정은 양측검정의 경우 다음과 같은 결론에 도달한다.

정규분포함수 z를 이용한 양측검정, $\alpha = 0.05$에서

$$-1.96 \le z_{실험} \le +1.96 \text{ : 귀무가설 채택}$$
$$z_{실험} > +1.96 \text{이거나 } z_{실험} < -1.96 \text{ : 귀무가설 기각, 대립가설 채택} \tag{6.2}$$

그리고 가설검정에서 반드시 이해하고 넘어가야 하는 부분이 있다. 그것은 가설검정에서 대립가설을 채택한다는 의미는 표본의 값들이 특정 모집단과 다르다는 의미이지 얼마나 다른지를 설명하지 않고 있다는 점이다. 예를 들면 초등학생과 대학생의 언어능력에 대해 가설검정을 실시하면 분명히 어휘구사력의 차이가 있다고 나올 것이다. 그러나 얼마나 차이가 있는지는 말하고 있지 않다. 어휘력의 차이를 측정하고자 하는 행위는 추정에서 이루어진다.

예제 6.1

2020년 제약통계를 수강하는 학생 50명의 평균점수는 75점, 표준편차는 20점이었다. 과거 5년간 제약통계를 수강한 학생들의 평균이 70점, 표준편차가 20점일 때 2020년 학생은 과거 학생들에 비해 우수하다고 할 수 있는가? 유의도 수준 0.05의 양측검정을 이용하고 정규분포를 사용하여 분석하시오.

단계 1: H_0: $\mu = 70$

H_1: $\mu \ne 70$

단계 2: $\alpha = 0.05$ 양측검정을 사용, 따라서 $p < 0.025$

$z > +1.96$: 귀무가설 기각

단계 3: $z_{실험}=(75-70)/(20/\sqrt{50})=1.77$

단계 4: $z_{실험값}$ (1.77)$<z$기준$_{값}$ (1.96) 귀무가설 채택

즉 2020년의 학생이 과거 5년 동안의 학생들보다 더 우수하다고 말할 수 없다.

6.2 제1종 오류와 제2종 오류

가설검정에서 제1종 오류는 실제로 참값인데 통계적 계산 착오로 틀리게 계산된 확률을 의미한다. $\alpha=0.05$의 의미는 이 확률을 5% 정도 인정한다는 의미이다. 좀 더 쉽게 설명하면 가설검정에서 5% 정도는 사실과 다른 결과가 나올 수 있다는 의미이다. 만약 이 오류를 줄이기 위해 유의도 수준 $\alpha=0.01$로 설정하면 어떤 결과가 나올까? 이 경우 정규분포 분석과 양측검정을 시행하면 $p<0.005$가 되며, $z>2.58$이 된다. 이럴 경우 가설을 채택할 가능성이 아주 낮아지며 이것은 신약개발의 승인 가능성을 더욱 어렵게 만든다. 또한 제1종 오류가 존재함으로써 시중에 팔리는 약들 중 약 5% 정도가 효과가 없을 수 있으므로 한국을 포함한 각국 정부의 식품의약품안전처에서는 시중에 판매되는 의약품에 대해 재평가를 주기적으로 시행하고 있다.

이번에는 $\alpha=0.10$을 채택할 경우에는 $p<0.05$가 되며 $z>1.645$가 된다. 이럴 경우에는 신약개발의 승인이 너무 쉽게 되어 약효가 없는 물질이 시판될 가능성이 높아진다. 따라서 대부분의 신약개발 승인에서는 이 조건이 채택되지 않는다. 다만 신약개발의 초기단계에서 후보물질의 발굴을 위해서 약간 느슨한 조건의 채택이 필요하며 이런 경우에는 $z>1.645$가 사용된다. 그러나 최종적인 가설검정에서는 대부분 유의도 수준 $\alpha=0.05$가 사용된다. 표 6.1에는 유의도 수준에 따른 p와 z 값들이 비교되어 있다.

표 6.1 정규분포를 이용한 양측 가설검정에서 유의도 수준, p, z 값 비교

	유의도 수준 $\alpha=0.1$	$\alpha=0.05$	$\alpha=0.01$
p	0.05	0.025	0.005
z	1.645	1.96	2.58

제2종 오류는 실제로 효과가 있는데 통계적 분석 착오로 효과가 없다고 나오는 경우를 의미하며 보통 β로 표시된다. 이 오류는 표본의 수를 조절함으로써 어느 정도 보정할 수 있지만 통상 $\beta=0.2$가 자주 사용된다. 이것의 의미는 실제로 효과가 있지만 통계적 착오로 20%가 효과가 없다고 판단된다. 이것을 신약개발에 적용하면, 엄청난 돈과 노력을 들여 신약을 개발했지만 단지 통계적 오류로 인하여 실제 효과가 있음에도 불구하고, 통계적으로 효과가 없는 것으로 판정되어 연구결과가 버려진다는 의미로서 제약회사로서는 큰 손실이다. 그리고 검정력이란 $1-\beta$의 값이며 실제로 약효가 있고 통계적으로도 효과가 있다고 나올 확률을 의미하며 $\beta=0.2$인 경우 검정력은 0.8이 된다. 신약개발을 수행하는 제약회사 입장에서는 제1종 오류를 유지하면서 최대한 검정력을 높이는 방법을 시도하게 된다. 제1종 오류와는 달리 제2종 오류는 어느 정도 조절이 가능하며 표본의 수를 크게 늘림으로써 제1종 오류를 0.05로 유지하면서 검정력을 높이는 것이 가능하다. 그러나 이 경우에는 표본(임상시험대상자)을 늘려야 되므로 상당한 금전적 부담이 발생할 수 있다. 가설검정에서 다양한 통계함수를 사용하는 또 다른 이유는 일종 오류와 표본수를 동일하게 유지하면서 검정력을 높이기 위해서이다.

6.3 양측검정과 단측검정

양측검정은 귀무가설을 기각하는 대립가설의 범위를 z가 가장 큰 쪽과 가장 작은 쪽 모두에 대해 설정하는 것이다. 이에 비해 단측검정은 보통 z가 가장 큰 쪽에 대해서만 설정한다. 이것을 그림으로 나타내면 그림 6.2와 같다.

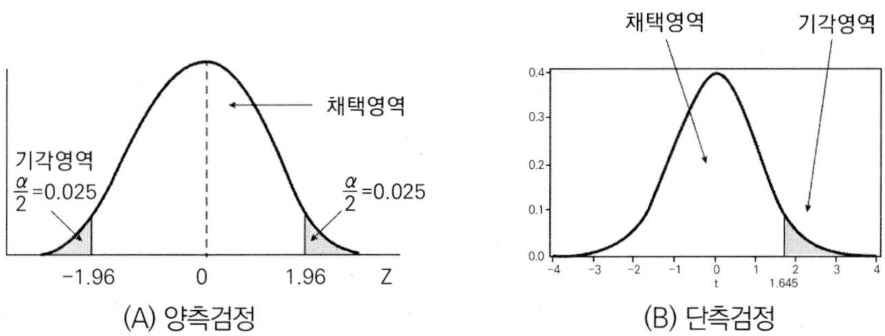

그림 6.2 양측검정과 단측검정

유의도 수준 $\alpha=0.05$일 경우에 양측검정과 단측검정을 비교해 보면 양측검정에서는 대립가설을 채택하기 위해서 정규분포를 사용하면 $z>+1.96$ 또는 $z<-1.96$을 의미한다. 보통처럼 + 쪽만 사용한 경우에는 $p<0.025$라는 의미이다. 즉 상위 2.5% 이하가 되어야 귀무가설을 기각하고 대립가설을 채택한다는 의미이다. 반면 단측검정은 한 방향으로만 비교하는 것이므로 이 경우에는 $p<0.05$가 되며 이때 $z>1.645$가 된다. 따라서 단측검정이 양측검정보다 더 쉽게 대립가설이 채택된다. 양측검정은 흔히 $z_{\alpha/2}$로, 단측검정은 z_{α}로 표시되기도 한다. 유의도 수준이 0.05일 경우 양측검정은 $z_{0.05/2}$, 단측검정은 $z_{0.05}$로 표현된다. 단측검정과 양측검정의 차이를 아래에 나타내었다.

단계 1: 양측검정

H_0: $\mu=65$, H_1: $\mu\neq65$

단측검정

H_0: $\mu=65$, H_1: $\mu>65$

단계 2: 양측검정

$\alpha=0.05$, $p<0.025$　$z>+1.96$, $z<-1.96$

단측검정

$\alpha=0.05$, $p<0.05$　$z>+1.645$

단계 3과 4는 모두 동일하다.

단측검정에서는 그 정의상 표본의 값이 모집단보다 작아지는 경우를 고려하고 있지 않으므로 그럴 가능성이 약간이라도 존재하는 경우에는 단측검정을 사용하지 말고 양측검정을 이용해야 한다. 즉 단측검정은 양측검정의 사전준비라는 의미를 내포하고 있다. 신약개발 등 새로운 소재개발에서는 최종판정으로는 양측검정을 사용하여 엄격히 판정한다. 그러나 소재개발의 초기 단계 스크린 과정에서는 될 수 있는 대로 많은 소재를 후보물질로 시험하는 것이 유리하므로 단측검정을 많이 사용한다.

예제 6.2

어느 제약회사에서 신약 개발을 위한 연구를 진행하고 있다. 이 연구에서는 일반적으로 효능값이 500 이상일 경우 효과가 있다고 판정한다. 천연물을 이용한 신약개발 소재연구에서 10개의 샘플을 시험했을 때 효과가 506이 나왔으며 표준편차는 10이었다. 이 소재는 효과가 있는가? 유의도 수준 $\alpha=0.05$를 사용하고, 양측검정과 단측검정 모두를 시행하시오.

단계 1 양측검정

H_0: $\mu=500$, H_1: $\mu\neq 500$

단측검정

H_0: $\mu=500$, H_1: $\mu>500$

단계 2 양측검정

$\alpha=0.05$, $z>+1.96$, $z<-1.96$

단측검정

$\alpha=0.05$, $z>+1.645$

단계 3 $z=(506-500)/(10/\sqrt{10})=1.90$

단계 4 양측검정

$z_{\text{실험값}}$ $1.90<1.96$: 귀무가설 채택,

즉, 이 소재는 효과가 없다.

단측검정

$z_{\text{실험값}}$ $1.90>1.645$ 귀무가설 기각, 대립가설 채택

즉, 이 소재는 효과가 있다.

가설검정에서는 비단 정규분포 함수뿐만 아니라 앞으로 공부할 t, F, χ^2 분포함수를 포함한 대부분의 통계함수에서 양측검정은 $p<0.025$, 단측검정은 $p<0.05$가 적용된다는 것은 매우 중요하므로 꼭 기억해야 한다.

6.4 비율을 이용한 가설검정

정규분포에 대한 가설검정으로 비율을 이용한 가설검정 또한 가능하다. 이때 기준이 되는 표는 정규분포표를 그대로 사용하며 z는 다음과 같이 계산된다.

$$z = \frac{(p-P)}{\sqrt{\frac{P(1-P)}{n}}} \tag{6.3}$$

p: 표본의 평균 비율

P: 모집단의 평균 비율

n: 표본수

예제 6.3

홈쇼핑 업체에서 A사의 고객만족도가 30%라는 조사결과가 나왔다. A사는 자체조사결과 500명 중 165명이 만족하여 33%라는 만족도 결과를 받았다. 홈쇼핑 회사의 설문조사 결과는 잘못된 것인가? 유의도 수준 5%에서 양측검정을 실시하시오.

단계 1 양측검정

H_0: $P=0.3$, H_1: $P \neq 0.3$

단계 2 양측검정

$\alpha=0.05$, $p<0.025$ $z>+1.96$, $z<-1.96$

단계 3 $z=(0.33-0.30)/\sqrt{(0.3\times0.7/500)}=1.46$

단계 4 $z_{실험값}$ $1.46 < z_{기준값}$ 1.96

귀무가설 채택, 즉 A 회사에 대한 만족도는 30%이다.

6.5 이표본 z 검정

때로는 하나의 모집단과 표본이 아니라 두 개의 표본을 서로 비교하여 가설검정을 실시하는 경우가 있다. A 표본이 평균 $\bar{x}_1$, 표준편차 σ_1, 표본수 n_1이고 B 표본이 평균 $\bar{x}_2$, 표준편차 σ_2, 표본수 n_2라고 하면 다음의 공식을 이용하여 가설검정을 시행한다.

$$z=(\bar{x}_1-\bar{x}_2)/\sqrt{(\sigma_1^2/n_1+\sigma_2^2/n_2)} \tag{6.4}$$

예제 6.4

대학의 두 학과에서 통계시험을 실시하였다. A학과는 평균 72점, 표준편차 16점, 인원수 40명이고, B학과는 평균 68점, 표준편차 20점, 인원수 50명이다. 두 학과의 성적은 같다고 할 수 있는가? 유의도 수준 5%에서 양측검정을 실시하시오.

단계 1 양측검정

H_0: $\mu_1=\mu_2$

H_1: $\mu_1\neq\mu_2$

단계 2 양측검정

$\alpha=0.05$, $z>+1.96$, $z<-1.96$

단계 3 $z=(72-68)/\sqrt{(16^2/40+20^2/50)}=1.05$

단계 4 $z_{실험값}$ $1.05<z_{기준값}$ 1.96

귀무가설 채택, 두 학과는 성적이 동일하다.

6.6 신뢰구간을 이용한 가설검정

앞 장에서 공부한 가설검정에서는 결국 표본값 $\bar{x}$ 하나만을 이용하여 가설을 검정하였다. 이럴 경우에는 계산이 간단하다는 장점이 있는 반면 그 표본값의 범위에 대한 정보를 충분히 활용하지 못한다는 단점이 있다. 신뢰구간(confidence interval)을 이용한 가설검정은 표본값의 범위를 활용함으로써 통계학에서 점차 설득력을 얻어가고 있다. 신뢰구간을 이용한 가설검정의 핵심은 귀무가설 H_0가 신뢰구간 내에 있으면 귀무가설을 채택하고, H_0가 신뢰구간 바깥에 존재하면 기각하는 것이다. 귀무가설의 상당 수는 H_0: $\mu_1 - \mu_2 = 0$의 형식을 가지므로 신뢰구간 내에 0이 존재하는지는 가설검정에서 매우 중요하다. 즉 신뢰구간 내에 0을 포함하면 H_0가 채택되고, 포함되지 않으면 기각될 가능성이 매우 높다(예제 6.6 참조).

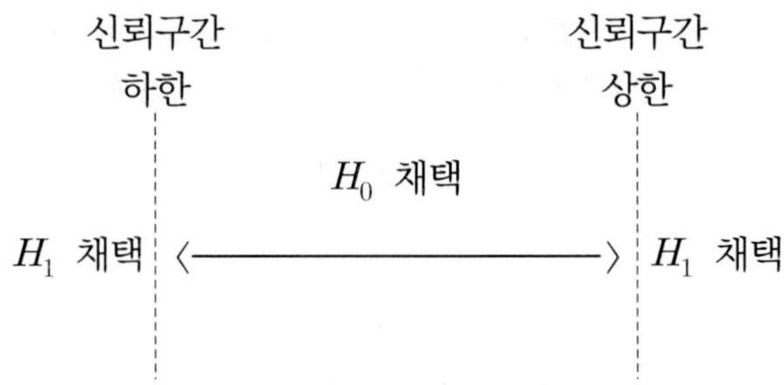

그림 6.3 신뢰구간을 이용한 가설검정 원칙

신뢰구간의 범위는 5.4절에서 사용한 공식을 이용한다.

$$\bar{x} - \frac{z\sigma}{\sqrt{n}} \le \mu \le \bar{x} + \frac{z\sigma}{\sqrt{n}}$$

p 값을 이용한 가설검정과 신뢰구간을 이용한 가설검정은 동일한 결과를 제공한다. 그러나 그 통계학적 의미에서 p 값은 표본평균값만을 사용하는 데 비해 신뢰구간을 이용한 가설검정은 그 범위를 제공함으로써 보다 많은 정보를 제공한다고 할 수 있다.

표 6.2 신뢰도 계수, 유의도 수준, p 값, z의 상관관계

신뢰도 계수	유의도 수준 α	p 값	z
99%	0.005	0.005	2.58
95%	0.05/2	0.025	1.96
90%	0.05	0.05	1.645
80%	0.1	0.1	1.28

예제 6.5

2020년 제약통계를 수강하는 학생 50명의 평균점수는 75점, 표준편차는 20점이었다. 과거 5년간 제약통계를 수강한 학생들의 평균이 70점, 표준편차가 20점일 때 2020년 학생은 과거 학생들에 비해 우수하다고 할 수 있는가? 유의도 수준 0.05의 양측검정과 단측검정을 이용하고 신뢰구간 가설검정을 사용하여 분석하시오.

유의도 수준 0.05 양측검정

단계 1 H_0: $\mu=70$

H_1: $\mu \neq 70$

단계 2 $\alpha=0.05$인 양측검정을 사용하므로 $z=1.96$

$$75-1.96\times\frac{20}{\sqrt{50}} \le \mu \le 75+1.96\times\frac{20}{\sqrt{50}}$$

$$69.46 \le \mu \le 80.54$$

단계 3 H_0값인 70은 $69.46<\mu<80.54$ 범위 내에 있으므로

귀무가설 H_0를 채택한다. 즉, 더 우수하다고 말할 수 없다.

유의도 수준 0.05 단측검정

단계 1 H_0: $\mu=70$

H_1: $\mu>70$

단계 2 $\alpha=0.05$ 단측검정을 사용하므로 $z=1.645$

$$75-1.645\times\frac{20}{\sqrt{50}} \le \mu \le 75+1.645\times\frac{20}{\sqrt{50}}$$

$$70.35 \le \mu \le 79.65$$

단계 3 H_0값인 70은 $70.35 \le \mu \le 79.65$ 범위 밖에 있으므로

귀무가설 H_0는 기각된다. 즉, 올해의 학생들이 더 우수하다.

A(평균 $\bar{x}_1$, 표준편차 σ_1, 표본수 n_1)와 B(평균 $\bar{x}_2$, 표준편차 σ_2, 표본수 n_2)의 두 표본이 있을 경우 그 차이의 구간추정은 임상시험 등에서 자주 사용된다. 이때는 다음의 식 6.5를 이용한다.

$$(\bar{x}_1 - \bar{x}_2) - z\sqrt{\left\{\left(\frac{\sigma_1^2}{n_1}\right) + \left(\frac{\sigma_2^2}{n_2}\right)\right\}} \le (\mu_1 - \mu_2) \le (\bar{x}_1 - \bar{x}_2) + z\sqrt{\left\{\left(\frac{\sigma_1^2}{n_1}\right) + \left(\frac{\sigma_2^2}{n_2}\right)\right\}} \quad (6.5)$$

예제 6.6

한 대학의 두 학과에서 기말고사를 치른 결과 다음과 같다.

A학과: 평균 64점, 표준편차 21점, 학생수 43명

B학과: 평균 61점, 표준편차 18점, 학생수 50명

두 학과의 성적은 차이가 나는지 90% 신뢰구간을 이용하여 계산하시오.

H_0: $\mu_1 - \mu_2 = 0$

H_1: $\mu_1 - \mu_2 \neq 0$

$z = 1.645$,

$(\bar{x}_1 - \bar{x}_2) - z\sqrt{(\sigma_1^2/n_1) + (\sigma_2^2/n_2)} = (64-61) - 1.645\sqrt{(21^2/43 + 18^2/50)} = -3.73$

$(\bar{x}_1 - \bar{x}_2) + z\sqrt{(\sigma_1^2/n_1) + (\sigma_2^2/n_2)} = 9.73$

$-3.73 \le (\mu_1 - \mu_2) \le 9.73$

귀무가설 H_0는 구간 범위에 존재하므로 귀무가설을 채택한다. 즉, 두 학과의 성적 차이는 없다.

6.7 엑셀을 이용한 가설검정

1) 엑셀 함수 이용하기

모집단의 평균이 알려져 있는 경우 Z.TEST 함수를 이용하면 표본평균이 모집단의 평균보다 클 확률(단측검정 p 값)을 계산할 수 있다. p 값을 반환할 셀을 선택한 후 함수마법사에서 Z.TEST를 선택한다. 함수 인수 Array에는 관측값의 범위를 지정하고 X에는 모평균을 입력한다. 모표준편차를 알고 있는 경우 Sigma에 입력하고 입력하지 않으면 표본표준편차로 단측검정 p 값이 계산된다. 양측검정 p 값을 계산하려면 Z.TEST 함수를 이용하여 다음과 같은 수식을 입력한다.

=2 * MIN(Z.TEST(array,x,sigma), 1−Z.TEST(array,x,sigma))

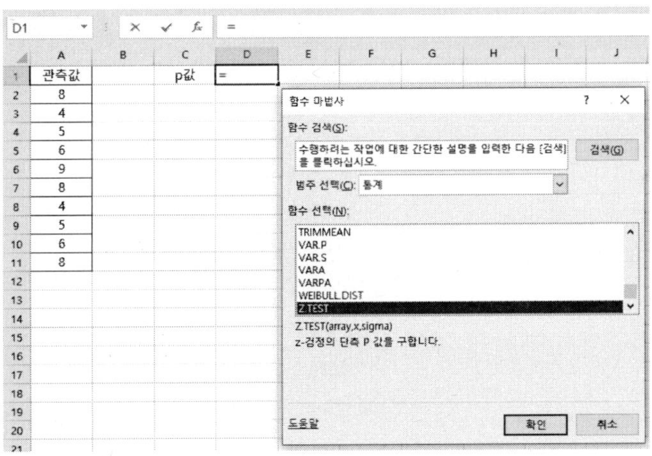

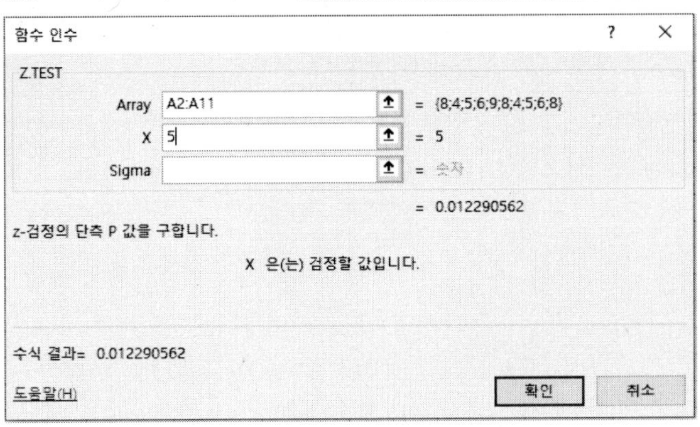

2) 엑셀의 [데이터 분석] 기능 이용하기

[데이터 분석] 기능을 이용하면 정규분포를 따르는 두 집단 간의 평균에 차이가 있는지 검정할 수 있다. 데이터 탭에서 앞에서 설치한 추가 기능 [데이터 분석]을 실행하고 [z-검정: 평균에 대한 두 집단]을 선택한다.

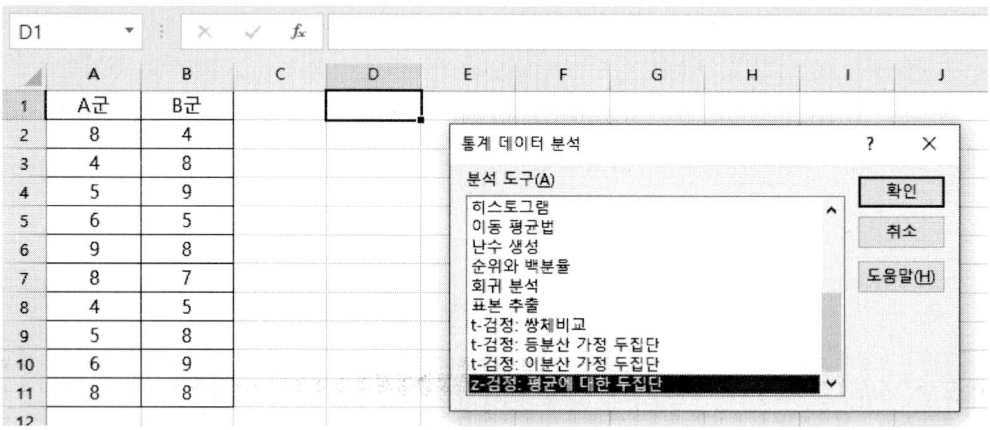

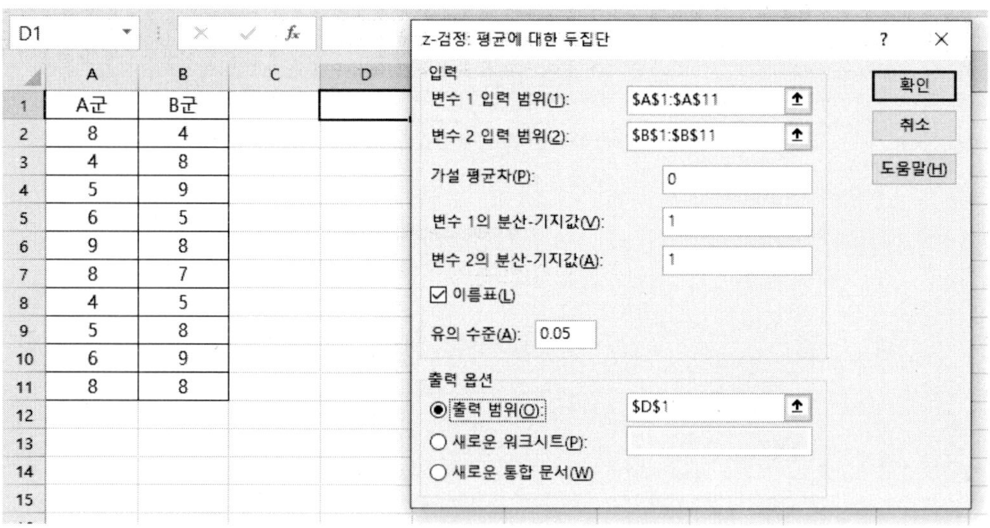

[변수 1 입력범위]와 [변수 2 입력범위]를 입력하고 [가설 평균차]는 일반적으로 평균치의 차가 없다는 귀무가설을 세워 검정하므로 일반적으로 0을 입력한다. 여기서 주의할 점은 각 변수의 분산을 알아야 한다는 점이며(본 예시에서는 두 군 모두 1로 설정함), 따라서 본 함수는 사용이 제한적일 수 있다. [유의도 수준]은 일반적으로 0.05로 설정한다. 출력범위를 지정하여 [확인]을 누르면 검정 결과를 반환한다.

G21

	A	B	C	D	E	F
1	A군	B군		z-검정: 평균에 대한 두 집단		
2	8	4				
3	4	8			A군	B군
4	5	9		평균	6.3	7.1
5	6	5		기지의 분산	1	1
6	9	8		관측수	10	10
7	8	7		가설 평균차	0	
8	4	5		z 통계량	-1.78885	
9	5	8		P(Z<=z) 단측 검정	0.036819	
10	6	9		z 기각치 단측 검정	1.644854	
11	8	8		P(Z<=z) 양측 검정	0.073638	
12				z 기각치 양측 검정	1.959964	
13						

단측검정과 양측검정의 p 값이 모두 반환되며 단측검정 결과로는 $p < 0.05$이므로 두 집단 간의 평균이 통계적으로 유의성 있는 차이가 있다고 판단하며, 양층검정의 결과로는 $p > 0.05$이므로 통계적으로 유의성 있는 차이가 없다고 판단한다.

연습문제

1 제1종 오류와 제2종 오류의 차이를 설명하시오.

2 양측검정과 단측검정의 차이를 정규분포함수 z를 이용하여 설명하시오.

3 어느 제약회사에서 백신 개발을 위한 연구를 진행하고 있다. 이 연구에서는 일반적으로 효능값이 100 이상일 경우 효과가 있다고 판정한다. 한 가지 신약개발 소재연구에서 10개의 샘플을 시험했을 때 효과가 110 나왔으며 표준편차는 15였다. 다음의 조건에서 가설검정을 실시하시오.

(A) 유의도 수준 $\alpha=0.05$에서 양측검정과 단측검정을 시행하시오.

(B) 유의도 수준 $\alpha=0.01$에서 양측검정과 단측검정을 시행하시오.

4 한 언론에서 A 후보의 지지도가 23%라는 조사결과가 나왔다. A후보는 자체조사결과 50명 중 17명의 지지를 받아서 여론조사가 잘못되었다고 주장하였다. 이 주장에 대해 유의도 수준 5%에서 양측검정과 단측검정을 실시하시오.

5 역대 통계학 중간고사에서는 모집단이 평균 60점, 표준편차 15점의 점수를 얻었다. 올해에도 통계학 중간고사를 실시하였고 이 중 9인의 성적을 표본으로 하니 평균점수가 69점, 표준편차 15점이 나왔다. 이번 연도 학생은 과거 학생보다 우수하다고 말할 수 있는가? (각 경우 기준이 되는 Z값을 반드시 표시하시오.)

(A) 유의도 수준 5%, 양측검정 사용

(B) 유의도 수준 5%, 단측검정 사용

(C) 유의도 수준 1%, 양측검정 사용

6 인제대 학생의 평균 키를 측정하고자 25명의 학생을 무선추출하여 통계분석하였다. 표본의 평균 키가 170 cm, 모집단의 표준편차가 4 cm라고 가정할 때 신뢰구간 95%로 평균 키를 추정하시오.

7 대학의 두 학과에서 통계시험을 실시하였다. A 학과는 평균 65점, 표준편차 20점, 인원수 50명이고, B 학과는 평균 56점, 표준편차 30점, 인원수 30명이다. 두 학과의 성적은 같다고 할 수 있는가? 유의도 수준 5%에서 단측검정을 실시하시오.

8 7번의 문제를 90% 신뢰구간을 이용하여 가설검정을 실시하시오.

9 3번 문제를 엑셀을 이용하여 계산하시오.

인류역사상 최고의 여성수학자 에미 뇌터

에미 뇌터(Emmy Noether, 1882~1935)는 독일 출신 수학자로서 아인슈타인은 그녀를 여성의 고등교육이 시작된 이래 가장 창조적인 수학천재라 평가하였으며 현대 수학의 지평을 넓힌 수학자로서 지금도 아주 높이 평가되고 있는 여성 수학자이다. 에미 뇌터는 독일 바이에른주 에를랑겐의 유태인 가정에서 태어났다. 그녀의 아버지 막스 뇌터 또한 에를랑겐 뉘른베르크 대학의 유명 교수였었다. 당시 독일에서는 여자는 대학입학이 허용되지 않았지만 아버지의 명성으로 강의에 청강을 할 수는 있었다. 1904년 에를랑겐 뉘른베르크 대학에서 여성의 등록을 허용하자 수학과 학생으로 등록하였으며 1907년 박사학위를 취득하였다.

뇌터는 괴팅겐으로 이사하였으나 괴팅겐 대학은 여자인 그녀가 강의하는 것을 허용하지 않았다. 그러자 당대의 유명 수학자이자 수학과 학과장인 다비트 힐베르트(David Hilbert)는 본인의 이름으로 그녀가 강의할 수 있도록 배려해 주었고 이후로도 대학에서 그녀를 적극 변호하였다. 그녀의 정식 교수심사위원회에서 다비트 힐베르트는 "교수 후보자의 성별이 교수자격을 허가하는데 상관이 없으며, 대학평의원회는 대중목욕탕이 아니다"라고 강력히 그녀를 옹호하였고 뇌터는 1919년 교수직에 임명되었다.

뇌터의 업적으로는 대칭성과 보존법칙 사이의 일대일 대응관계를 설명하는 뇌터 정리, 가환대수학의 라스터-뇌터 정리 등이 있으며 현대 수학 및 물리학의 근본을 이루는 매우 중요한 업적이다.

독일에 나치 정부가 들어서고 유태인의 대학 강의를 금지하자 1933년 그녀는 아이슈타인의 초청으로 미국으로 건너와 펜실배니아 소재 브린모어대학(Bryn Mawr College)의 교수가 되었다. 그러나 불행히도 1935년 뇌종양이 발견되어 수술 중 사망하였다. 그녀의 수학적 업적은 시간이 지남에 따라 그 가치를 높이 평가받고 있다. 그녀는 또한 여성들에게 수학교육을 권장하였으며 후배 여성수학자들을 적극 후원하였다.

제 7 장

t 분포 가설검정

7.1 t 분포

7.2 t 분포를 이용한 가설검정(일표본 t 검정)

7.3 이표본 t 검정

7.4 신뢰구간을 이용한 가설검정

7.5 엑셀을 이용한 가설검정

7.1 t 분포

t 분포는 1908년 Guinness 맥주회사에 근무하던 영국인 William Sealy Gosset에 의해 개발되었으며 현재 제약업을 비롯한 각종 산업에서 널리 사용되고 있다. 참고로 Gosset은 이 통계함수를 개발한 후 학술지에 논문을 투고하였는데 그 당시 편집장이 본인의 지도교수였기 때문에 실명으로 하지 않고 student라는 필명을 사용하였다. 따라서 t 분포는 student t라고도 한다.

정규분포 z를 이용한 분석에서 가장 문제가 되는 것은 모집단의 표준편차 σ를 알기 어렵다는 점이다. 앞장에서의 예제에서는 모두 σ의 값들을 알고 있다는 가정에서 계산을 하였다. 그러나 실제 모집단의 크기가 매우 큰 경우 σ의 값을 아는 것은 거의 불가능하다. 이럴 경우에 Gosset은 모집단의 σ 대신, 표본의 표준편차인 s를 사용하는 t 분포를 제시하였다.

$$z = \frac{\bar{x} - \mu}{\frac{\sigma}{\sqrt{n}}}, \quad t = \frac{\bar{x} - \mu}{\frac{s}{\sqrt{n}}}$$

$$\sigma = \sqrt{\frac{1}{N}\sum_{i=1}^{N}(x_i - \mu)^2} \tag{7.1}$$

$$s = \sqrt{\frac{\sum(x - \bar{x})^2}{n-1}}$$

σ: 모집단의 표준편차, s: 표본의 표준편차

정규분포함수 z와 t의 차이점에는 자유도(degree of freedom, df)가 있다. 정규분포에는 자유도라는 개념이 없지만 t 분포에서는 자유도가 존재하며 $df = n-1$ 관계가 성립한다. t 분포의 전형적인 도표는 부록에 수록되어 있다. t 분포함수 역시 정규분포함수 z와 마찬가지로 양측검정은 $p < 0.025$, 단측검정은 $p < 0.05$가 적용된다. 그리고 t 함수는 정규분포함수 z와 달리 자유도가 추가되므로 흔히 다음과 같이 표시된다.

양측검정: t(자유도, $\frac{\alpha}{2}$)

단측검정: t(자유도, α)

이 표로부터 유의도 수준 0.05의 양쪽검정(two-tails)은 유의도 수준 0.025의 단측검정(one-tail)과 같음을 알 수 있다. t 분포에서 표본수가 점차 증가하면 이것은 정규분포로 수렴된다(그림 7.1).

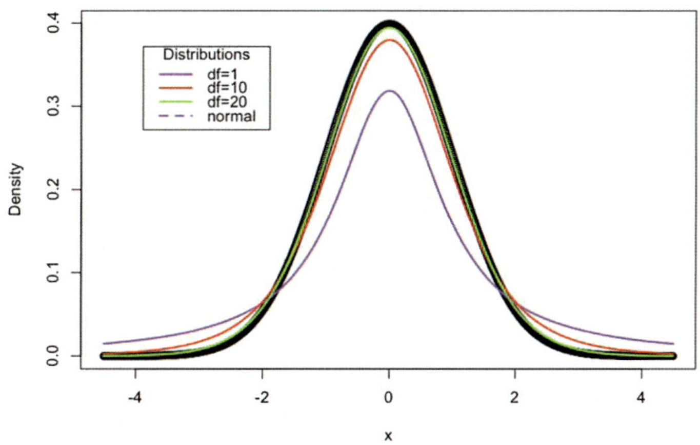

그림 7.1 t 분포와 정규분포의 비교. df=자유도

7.2 t 분포를 이용한 가설검정(일표본 t 검정)

일표본 t 검정은 표본과 모집단을 비교함으로써 가설검정을 행하는 t 검정을 말한다. t 분포를 이용한 가설검정의 과정은 6장에서 공부한 가설검정의 원칙을 그대로 따르되, 통계함수만 z에서 t로 변경된다. 이러한 가설검정의 4단계는 다음과 같다.

1. 귀무가설과 대립가설 설정
2. t 분포를 이용한 통계기준의 설정

3. 표본의 수집(실험실시) 및 분석
4. 단계2와 단계3의 비교를 통한 결과

t 검정에서도 양측검정과 단측검정이 존재하는데, 양측검정이 원칙적으로 최종 판정에 사용되고, 단측검정은 탐색적 후보물질의 판정에 사용된다. t 검정에서 표본수 n이 30 이상으로 증가하면 t는 z로 대체될 수 있다.

예제 7.1

어느 제약회사에서 신약개발을 위한 연구를 진행하고 있다. 이 연구에서는 일반적으로 효능값이 500 이상일 경우 효과가 있다고 판정한다. 천연물을 이용한 신약개발 소재연구에서 7개의 샘플을 시험했을 때 효과가 515가 나왔으며 표준편차는 $s=20$이었다. 이 소재는 효과가 있는가? 유의도 수준 $\alpha=0.05$의 t 분포를 이용하여 양측검정을 실시하시오.

단계 1 H_0: $\mu=500$, H_1: $\mu \neq 500$

단계 2 $\alpha=0.05$, 자유도$=7-1=6$,
$t=2.447$

단계 3 $t_{\text{실험값}}=(515-500)/(20/\sqrt{7})=1.98$

단계 4 $t_{\text{실험값}}$ $1.98 < t_{\text{기준값}}$ 2.447
따라서 귀무가설을 채택한다. 즉, 소재는 효과가 없다.

7.3 이표본 t 검정

t 검정 중에서 모집단과 표본을 비교하지 않고 두 개의 표본을 서로 비교함으로써 가설검정을 실시하는 경우가 많으며 이들을 이표본 t 검정이라고 한다. 이표본 t 검정에서도 가설검정은 각 표본을 대표하는 두 개의 모집단에 대해 서로를 비교하는 것이다. 이표본 t 검정은 크게 두 표본의 모집단 분산(σ)이 같은 경우와 다른 경우에 계산하는 방식이 달라진다.

먼저 두 표본의 분산이 같을 경우에는 다음의 식을 이용한다.

$$t = \frac{\bar{x}_1 - \bar{x}_2}{S_p\sqrt{\frac{1}{n_1} + \frac{1}{n_2}}}$$

$$S_p = \sqrt{\frac{\{(n_1 - 1)S_1^2 + (n_2 - 1)S_2^2\}}{(n_1 + n_2 - 2)}} \tag{7.2}$$

$$df = n_1 + n_2 - 2$$

(n_1: 1의 표본 수, n_2: 2의 표본 수, $\bar{x}_1$: 1의 평균, $\bar{x}_2$: 2의 평균,

S_1: 1의 표준오차 $\frac{s}{\sqrt{n_1}}$, S_2: 2의 표준오차 $\frac{s}{\sqrt{n_2}}$, df: 자유도)

예제 7.2

임상시험에서 A, B 두 물질의 약리효과를 비교한 결과 다음과 같았다.

A: 평균 100, S_1 25, 임상시험 대상자수 10

B: 평균 97, S_2 20, 임상시험 대상자수 9.

두 물질은 약효 차이가 있는가? 유의도 수준 5%의 양측 t 검정으로 계산하시오.

단계 1 H_0: $\mu_1 - \mu_2 = 0$

H_1: $\mu_1 - \mu_2 \neq 0$

단계 2 $t_{기준}(10+9-2,\ 0.05/2) = 2.11$

단계 3 $S_p^2 = \{9 \times 25^2 + 8 \times 20^2\}/17 = 519.1$

$S_p = 22.78$

$$t_{실험} = \frac{100 - 97}{22.78\sqrt{\frac{1}{10} + \frac{1}{9}}} = 0.287$$

단계 4 $t_{실험} < t_{기준}$이므로 귀무가설을 채택한다. 즉, 약효의 차이가 없다.

Welch 검정은 두 모집단의 분산이 같지 않다는 가정을 가지고 있으며, 이때는 다음의 공식을 사용한다. 자유도계산에서는 분수값이 나오면 무조건 정수에서 1을 더한 값을 자유도로 정한다.

$$t = \frac{\overline{x_1} - \overline{x_2}}{s_{\overline{x_1} - \overline{x_2}}}$$

$$s_{\overline{X_1} - \overline{X_2}} = \sqrt{\frac{s_1^2}{n_1} + \frac{s_2^2}{n_2}} \tag{7.3}$$

$$d.f. = \frac{(s_1^2/n_1 + s_2^2/n_2)^2}{(s_1^2/n_1)^2/(n_1 - 1) + (s_2^2/n_2)^2/(n_2 - 1)}$$

(n_1: 1의 표본 수, n_2: 2의 표본 수, $\overline{x}_1$: 1의 평균, $\overline{x}_2$: 2의 평균,

s_1: 1의 표준오차, $\frac{s}{\sqrt{n_1}}$, s_2: 2의 표준오차, $\frac{s}{\sqrt{n_2}}$)

예제 7.3

제약회사에서 빠른 진통효과를 나타내는 새로운 진통제를 개발하고자 한다. 임상시험에서 신약후보물질과 위약(placebo, 주성분이 없는 약)의 진통효과 개시시간은 다음과 같다. Welch t 검정을 이용하여 유의도 수준 0.05 양측검정으로 신약후보물질의 효과를 판정하시오.

시간		평균
신약후보	6, 10, 9, 13, 7, 9, 10, 12, 12, 10	9.8
위약	9, 9, 7, 8, 16, 8, 16, 17, 13, 7	10.9

단계 1 H_0: $\mu_1 = \mu_2$

H_1: $\mu_1 \neq \mu_2$

단계 2 $\alpha = 0.05$, 자유도$= 13.747 \Rightarrow 14$

$t_{기준}(14,\ 0.05/2) = 2.145$

단계 3 $s_1^2 = 4.844$, $s_2^2 = 16.999$, $s_{\overline{X_1} - \overline{X_2}} = 1.48$

$$t = \frac{10.9 - 9.8}{1.48} = 0.743$$

단계 4 $t_{실험값}$ $0.743 < t_{기준값}$ 2.145이므로 귀무가설을 채택한다. 즉, 신약후보물질의 진통효과는 없다.

7.4 신뢰구간을 이용한 가설검정

t 함수를 이용하여 신뢰구간의 가설검정 방식은 6.6절의 내용과 매우 유사하며 함수가 z에서 t로 변화된 것이다. t 함수를 이용하는 경우에는 모집단의 표준편차 σ를 알지 못할 경우에 사용하며, 이때는 모집단의 표준편차 σ 대신 표본의 표준편차 s를 사용한다. 신뢰구간을 구하는 공식은 다음과 같다.

$$\mu = \bar{x} \pm t\frac{s}{\sqrt{n}}$$
$$\bar{x} - t\frac{s}{\sqrt{n}} \le \mu \le \bar{x} + t\frac{s}{\sqrt{n}} \qquad (7.4)$$

위 공식에서 자유도 $df = n-1$이다.

z를 이용한 신뢰구간 가설검정과 마찬가지로 H_0: $\mu_1 - \mu_2 = 0$ 형태의 귀무가설을 세우면 신뢰구간 내에 0이 존재하는지가 가설검정의 기준이 된다. 신뢰구간 내에 0이 있으면 귀무가설이 채택되고 0이 없으면 귀무가설이 기각되고, 대립가설이 채택된다(예제 7.5 참조).

예제 7.4

한 학생이 용액의 pH를 3회 측정한 결과 7.0, 7.1, 7.2의 값이 나왔다. 이때 용액의 pH 범위를 신뢰도 95% 구간에서 추정하시오.

$$\bar{x} = 7.1,\ t(2,\ \frac{0.05}{2}) = 4.303$$

$$\frac{s}{\sqrt{n}} = \sqrt{\frac{(7.0-7.1)^2 + 0 + (7.2-7.1)^2}{2\times 3}} = 0.0577$$

$$\mu = 7.1 \pm 4.303 \times 0.0577 = 7.1 \pm 0.25 = 6.85 \sim 7.35$$

예제 7.5

2020년 제약통계를 수강하는 학생 41명의 평균점수는 75점, s는 20점이었다. 과거 5년간 제약통계를 수강한 학생들의 평균이 70점, s가 20점일 때 2020년 학생은 과거 학생들에 비해 우수하다고 할 수 있는가? 95% 신뢰구간을 이용한 양측 가설검정을 사용하고 t 함수를 이용하여 분석하시오.

$$H_0:\ \mu=70,\ H_1:\ \mu\neq 70$$

$$t(40,\ 0.025)=2.021$$

$$75-2.021\times 20/\sqrt{41}\leq\mu\leq 75+2.021\times 20/\sqrt{41}$$

$$68.69\leq\mu\leq 81.31$$

따라서 $\mu=70$은 95% 신뢰구간 내에 존재하므로 귀무가설을 채택한다. 즉, 2020년도 학생들은 더 우수하지 않다.

A(평균 $\bar{x}_1$, 표준편차 s_1, 표본수 n_1)와 B(평균 $\bar{x}_2$, 표준편차 s_2, 표본수 n_2)의 두 표본이 있을 경우 그 차의 구간추정은 임상시험 등에서 자주 사용된다. 두 모집단의 분산(σ)이 같다고 가정하면, 다음의 식이 성립한다.

$$(\bar{x}_1-\bar{x}_2)-t\ S_p\sqrt{(1/n_1+1/n_2)}\leq\mu_1-\mu_2\leq(\bar{x}_1-\bar{x}_2)+t\ S_p\sqrt{(1/n_1+1/n_2)}$$

$$S_p^2=\{(n_1-1)S_1^2+(n_2-1)S_2^2\}/(n_1+n_2-2) \tag{7.5}$$

t의 자유도는 $df=n_1+n_2-2$

예제 7.6

임상시험에서 A. B 두 물질의 약리효과를 비교한 결과 다음과 같았다. A: 평균 100, S_1 25, 임상시험 대상자수 10, B: 평균 97, S_2 20, 임상시험 대상자수 9. 두 물질은 약효에 차이가 있는가? 95% 신뢰구간을 이용한 양측 t 검정으로 계산하시오.

$$H_0:\ \mu_1-\mu_2=0,\ H_1:\ \mu_1-\mu_2\neq 0$$

$$t(10+9-2,\ 0.05/2)=2.11$$

$$S_p^2=\{9\times 25^2+8\times 20^2\}/17=519.1$$

$S_p = 22.78$

$$(\bar{x}_1 - \bar{x}_2) - t\ S_p\sqrt{(1/n_1)+(1/n_2)} = (100-97) - 2.11 \times 22.78\sqrt{(1/10+1/9)}$$

$$= -19.1$$

$$(\bar{x}_1 - \bar{x}_2) + t\ S_p\ \sqrt{(s_1^2/n_1)+(s_2^2/n_2)} = 25.1$$

$$-19.1 \le (\mu_1 - \mu_2) \le 25.1$$

$\mu_1 - \mu_2 = 0$는 95% 신뢰구간 내에 존재하므로 귀무가설을 채택한다. 즉, 두 물질의 약효는 동일하다.

7.5 엑셀을 이용한 가설검정

1) 엑셀함수 이용하기

t test는 두 집단 간의 평균을 통계적으로 비교할 때 가장 많이 사용하는 방법으로 엑셀함수 T.TEST를 이용하여 검정할 수 있다. p 값을 반환할 셀을 선택한 후 함수마법사에서 T.TEST를 선택한다. [Array1]과 [Array2]에 각 군의 데이터의 범위를 지정하고 [Tails]에는 단측검정일 경우 1, 양측검정일 경우 2를 입력한다. [Type]에는 쌍을 이루는 데이터에는 1, 분산이 같은 두 표본은 2, 분산이 다른 두 표본의 경우는 3을 입력하면 각 경우의 p 값을 반환한다.

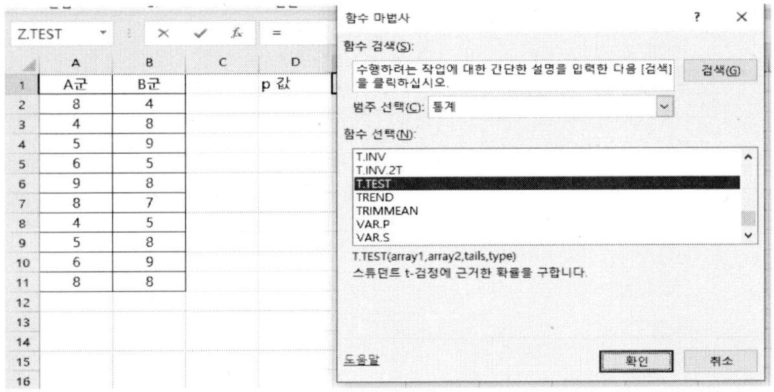

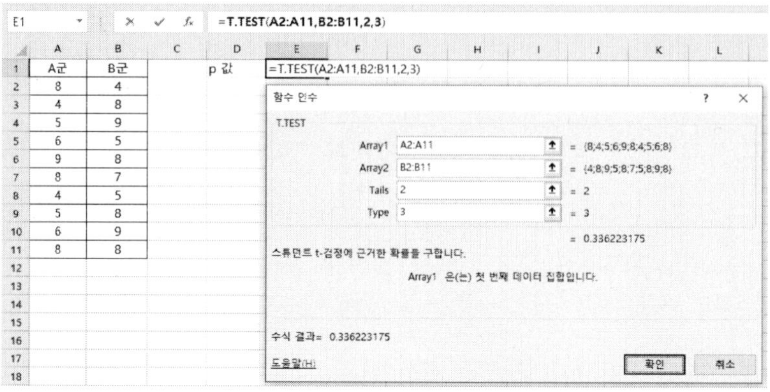

본 예시에서는 양측검정, 분산이 다른 두 집단의 경우를 적용했으며 $p > 0.05$로 두 집단 간 평균치의 통계적으로 유의성 있는 차이가 없었다.

2) 엑셀의 [데이터 분석] 기능 이용하기

[데이터 분석] 기능의 t 검정을 이용하면 두 집단 간의 평균에 차이가 있는지 검정할 수 있다. 이때 t 검정은 [쌍체비교], [등분산 가정 두집단], [이분산 가정 두집단]의 3가지로 구분되어 있으며 앞에서 함수를 이용한 t 검정의 type 0, 1, 2에 각각 해당된다. 여기서는 앞에서와 같이 이분산 가정 두 집단의 t 검정을 수행해 본다.

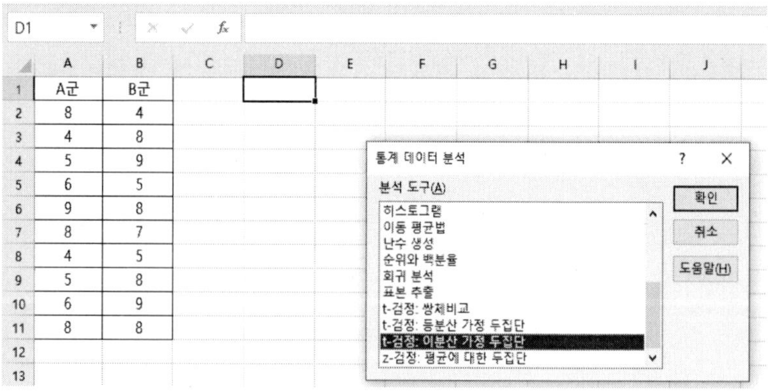

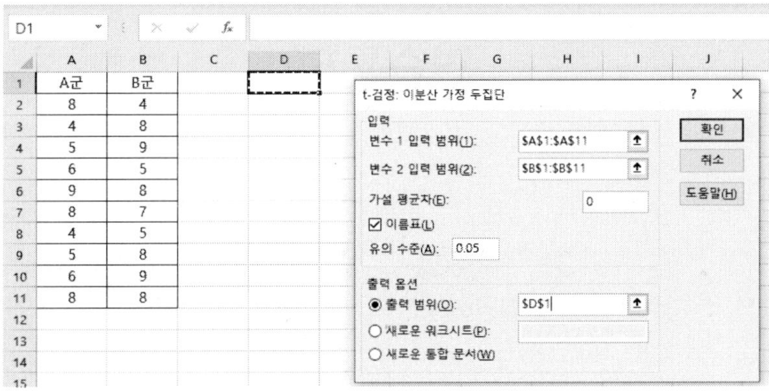

변수 1 입력범위와 변수 2 입력범위에 각 군의 데이터 범위를 지정하고(이름표를 포함하여 지정 가능) [가설 평균치]는 일반적으로 두 군의 평균이 같다는 귀무가설로부터 0으로 설정하고 유의도 수준은 0.05로 설정하여 실행한다.

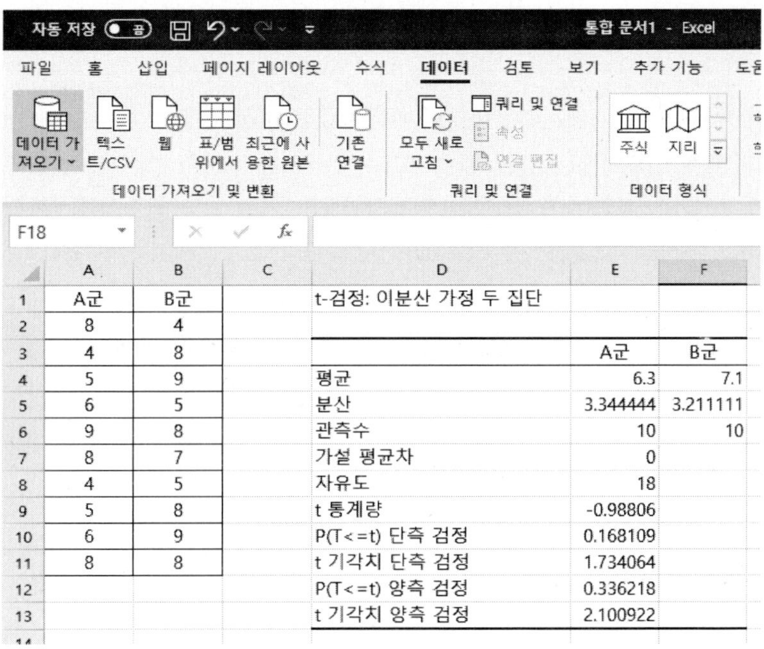

단측검정과 양측검정의 p 값이 모두 반환되며 위의 결과에서는 단측검정과 양측검정 모두 $p > 0.05$로 평균치 간의 통계적으로 유의성 있는 차이가 없다고 판단한다. 앞에서 엑셀함수를 이용하여 산출한 양측검정 p 값과 동일한 값을 얻었다.

연습문제

1 t 함수와 z 함수의 차이를 설명하시오.

2 어느 제약회사에서 신약 개발을 위한 연구를 진행하고 있다. 이 연구에서는 일반적으로 효능값이 100 이상일 경우 효과가 있다고 판정한다. 천연물을 이용한 신약개발 소재연구에서 9개의 샘플을 시험했을 때 효과가 120이 나왔으며 표준편차는 $s=30$이었다. 다음을 구하시오.

(A) 유의도 수준 $\alpha=0.05$의 t 분포를 이용하여 양측검정과 단측검정을 실시하시오.

(B) 유의도 수준 $\alpha=0.01$의 t 분포를 이용하여 양측검정과 단측검정을 실시하시오.

3 제약회사에서 새로운 백신을 개발하고자 한다. 임상시험에서 각각 7인의 시험대상자에게 신약후보물질과 위약(placebo, 주성분이 없는 약)을 투여한 후 약의 효과를 비교한 결과는 다음과 같다. 효과는 0~10으로 판정하였으며 가장 낮은 효과가 0, 가장 높은 효과는 10점이다. 신약은 효과가 있는가? Welch t test를 사용하여 5% 양측검정으로 판정하시오.

	임상시험 평점
신약후보	7 8 6 5 3 평균 5.8 $S_1=1.92$
위약	3 5 2 2 5 평균 3.4 $S_2=1.52$

4 2020년도 제약통계 수강생 30명의 평균은 50점, 표준편차는 20점 이었다. 과거 5년간 유사한 시험문제의 평균은 43점, 표준편차가 24점이었다. 2020년도 학생이 과거 5년간 학생보다 우수하다고 말할 수 있는가? t 분포함수를 사용하고 95% 양측검정을 실시하시오.

5 새 25마리를 벽지 모양(A, B)이 다른 두 방에 넣고 자유로이 이동하게 한다. 1시간 후 A 방에 머무는 시간이 평균 40분, B 방은 20분 이었다. 방의 벽지는 새의 머무름에 영향을 미치는가? $s=50$, 유의도 수준 5% 단측 t 검정을 실시하시오.

6 한 학생이 용액의 pH를 4회 측정한 결과 6.0, 6.0, 6.1, 6.1의 값을 얻었다. 이 자료를 바탕으로 95% 신뢰도로 시료의 pH값 범위를 구하시오. t 분포를 사용하시오.

7 제약통계를 수강하는 학생 20명의 평균점수는 66점, 표준오차는 20점이었다. 과거 5년간 제약통계를 수강한 학생들의 평균이 60점, 표준오차가 17점일 때 올해 학생은 과거 학생들에 비해 우수하다고 할 수 있는가? 95% 신뢰구간을 이용한 양측 가설검정을 사용하고 t 함수를 이용하여 분석하시오.

8 임상시험에서 A. B 두물질의 약리효과를 비교한 결과 다음과 같았다.
1: 평균 80, 표준오차 20, 임상시험대상자수 14,
2: 평균 78, 표준오차 10, 임상시험대상자수 13,
두 물질은 약효차이가 있는가? 95% 신뢰구간을 사용하고 t 함수를 이용하여 분석하시오.

9 엑셀을 이용하여 3번 문제를 계산하시오.

10 엑셀을 이용하여 예제 7.3을 계산하시오(단, 두 자료의 분산은 동일하다고 가정함).

윌리엄 고셋

윌리엄 고셋(William Sealy Gosset, 1876 ~1937)은 영국의 캔터버리에서 왕립 기술자인 아비지 Frederic Gosset의 장남으로 태어났다. 그는 Oxford 대학 수학과를 졸업하였고, 1899년 아일랜드 더블린의 유명맥주회사인 Guinness사에 입사하였으며, 이후 38년간 그 회사에 몸담았다. 맥주회사에서 고셋은 발효담당 책임자로서 가장 우수한 효과를 보이는 보리품종에 대해 반복적인 실험들을 진행하고 있었다.

고셋은 연구결과를 정리하여 학술지에 투고하고자 하였으나 회사에서는 기밀누설을 우려하여 출판에 앞서 몇 가지 조건을 걸었다. 그중 발표자명이 없어야 되는 조건이 있어서 고셋은 'Student'라는 필명으로 Biometrika라는 학술지에 t test에 대한 논문을 투고하였다. 당시 그 학술지의 편집장은 Pearson이었는데 그는 상관계수 r로 현재까지도 널리 알려져 있는 인물이다. 변량분석으로 유명한 Fisher가 그의 소규모 샘플 통계연구의 가치를 높이 평가하였다. 고셋은 현재 소규모 실험연구와 불확실성에 대한 경제적 접근법의 선구자로서 높이 평가되고 있다. 한편, 고셋은 Pearson과 Fisher 모두와 친분이 있었으나, Pearson과 Fisher는 당대 최고의 통계학자로서 자존심이 강하여 서로를 매우 싫어하였다고 한다.

제 8 장

변량분석

8.1 변량분석

변량분석(ANOVA)은 영국의 유전학자인 Ronald A. Fisher에 의해 개발된 통계분석법이며 자연과학, 공학, 의학뿐만 아니라 경영학, 심리학 등 사회과학에서도 널리 사용되고 있다. 기존의 정규분포 z나 t 분포를 이용한 분석법은 모집단과 표본, 표본과 표본과 같은 2개의 자료들만 분석 가능한 방법들이었다. Fisher는 표본들이 3개 이상인 경우로 확장된 통계법을 창안하였으며 이를 변량분석이라고 한다. 기본적인 개념으로 t의 의미는 다음과 같다.

$$t=\frac{(\bar{x}-\mu)}{(s/\sqrt{n})}$$
$$t=\frac{\text{평균차}}{\text{표준오차}}=\frac{\text{표본간 차이}}{\text{우연에 의한 차이}} \tag{8.1}$$

변량분석에서 통계함수 F는 다음의 의미를 지닌다.

$$F=\frac{\text{처치 간 변산}}{\text{처치 내 변산}}=\frac{\text{표본간 차이}}{\text{우연에 의한 차이}} \tag{8.2}$$

처치 내 변산(within)이란 같은 조건하에서의 차이를 의미하며 처치 간 변산(between)이란 서로 다른 조건하에서의 평균적 차이점을 의미한다. 예를 들면 새로운 진통제를 개발하기 위해 신약후보물질 A, B, C와 위약을 비교하여 다음과 같은 통증저하시간(단위 분)을 얻었다고 하자. 각 처치의 수는 k로 나타내면 아래의 경우는 $k=4$이다. n은 각 처치의 표본수를 의미하며($n=5$) N은 전체 표본의 수 20이다. T는 각 처치의 합계를 의미하며, G는 전체합, SS는 다음과 같이 정의되었다.

$$SS=\Sigma(x-\bar{x})^2$$

표 8.1 신약후보물질 A, B, C와 위약을 이용한 변량분석자료

표본	후보물질 A	후보물질 B	후보물질 C	위약 D
1	3.0	5.0	9.0	7.6
2	4.0	6.0	10.4	8.2
3	5.0	9.0	6.0	10.0
4	4.0	10.0	11.7	12.4
5	8.0	12.0	13.0	15.0
표본 수 n	5	5	5	5
합계 T	24	42	50.1	52
평균 $\overline{x}$ bar	4.8	8.4	10.0	10.6
SS	14.8	33.2	29.1	37.7
$G=168.1$				

변량분석에서도 가설검정의 원칙은 z, t 분포를 이용한 검정과 동일하지만, 변량분석에서 귀무가설이 기각될 때 처치의 조건이 3가지 이상이기 때문에 여러 가지 경우가 나올 수 있다. 즉 각각의 처치조건이 전부 다를 수도 있고, 몇 가지 조건만이 다를 수도 있다. 이런 것을 명확히 하기 위해서는 귀무가설이 기각될 때 사후검정을 반드시 실행해야 된다. 그러나 귀무가설이 채택될 경우, 즉 처치 간의 효과차이가 없으면 가설검정만으로 충분하다.

F의 값은 정의에 따라서 처치의 효과가 없으면 F가 1에 접근하며 극단적으로 효과가 전혀 없는 경우에는 1이 된다. 반면 처치의 효과가 크면 클수록 F 값은 커지게 된다. F 값의 그래프는 다음과 같다. 또한 F 분포표는 부록에 수록되어 있다.

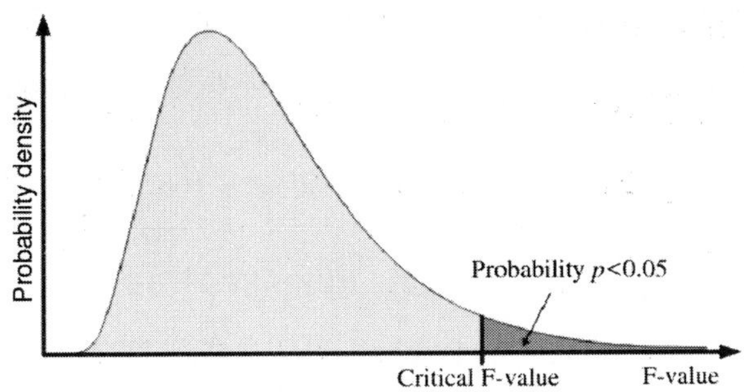

그림 8.1 F 분포 그래프

표를 읽기 위해서는 df_1(자유도 1), df_2(자유도 2)의 값들을 알아야 하는데, 이들은 다음과 같이 정의된다.

$$
\begin{aligned}
&df_1 = df_b = k-1 \\
&df_2 = df_w = N-k \qquad (8.3) \\
&(k\text{: 처치 수, } N\text{: 전체 표본 수})
\end{aligned}
$$

실험값의 계산을 위한 F의 공식은 상당히 복잡하며 다음과 같이 나타낼 수 있다.

$$
\begin{aligned}
&F = MS_b / MS_w \\
&MS_b = SS_b / df_b = \{\Sigma T^2/n - G^2/N\}/(k-1) \qquad (8.4) \\
&MS_w = SS_w / df_w = \Sigma SS/(N-k)
\end{aligned}
$$

변량분석에서는 그래프가 좌우 대칭이 아님을 주의해야 한다. 따라서, 대부분의 경우 유의도 수준 $\alpha=0.05$나 $\alpha=0.025$의 단측검정이 사용된다.

예제 8.1

표 8.1의 새로운 진통제 개발자료를 이용하여 신약후보물질이 위약에 비해 진통효과가 있는지 변량분석을 이용하여 검정하시오(유의도 수준 $\alpha=0.05$ 단측검정을 이용하시오).

단계 1 H_0: $\mu_A = \mu_B = \mu_C = \mu_D$

H_1: A, B, C, D 중 적어도 하나는 다르다.

단계 2 $df_1 = 4-1 = 3$

$df_2 = 20-4 = 16$

유의도 수준 $\alpha=0.05$일 경우 표에서 $F(3,\ 16)=3.24$

단계 3 $F_{\text{실험값}} = \dfrac{\left\{\left(\dfrac{24^2+42^2+50.1^2+52^2}{5}\right) - \left(\dfrac{168.1^2}{20}\right)\right\}/3}{\{14.8+33.2+29.1+37.7\}/16} = \dfrac{32.64}{7.18} = 4.55$

단계 4 $F_{\text{실험값}}$ $4.55 > F_{\text{기준값}}$ 3.24이므로 귀무가설을 기각한다.

8.2 사후검정

사후검정(post hoc analysis)이란 변량분석에서 귀무가설을 기각한 후에 발생한다. 즉 3개 이상의 처치 중에서 적어도 하나는 서로 같지 않다는 의미이다. 그러면 이 경우에는 어느 조건이 같지 않은지 판별해야 한다. 즉 특정조건 하나만이 다른지 아니면 몇 개 혹은 모두가 서로 다른지를 판단해야 한다. 이런 것을 사후검정이라고 한다. 사후검정에서 가장 널리 사용되는 것은 Tukey 사후검정과 Scheffe 사후검정이 있다.

Tukey 사후검정은 변량분석 후 각 처치조건의 평균값이 HSD(Honest Significant Difference) 이상일 때 그 조건이 다른 값들과 다르다고 판정한다. HSD는 다음의 공식으로 계산되며 q는 Tukey q 표(부록 참조)를 이용하여 구하고 이때 자유도(df)는 $df=N-k$이다.

$$\begin{aligned} \text{HSD} &= q \times \sqrt{(MS_w/n)} \\ MS_w &= \Sigma SS/(N-k) \end{aligned} \quad (8.5)$$

사후검정의 또 다른 방법으로 Scheffe 검정이 있다. 이것은 $F^*=MS_b^*/MS_w$를 이용하며 새로운 변수를 창조하지 않고 기존의 값들을 사용한다는 데 장점이 있다. MS_b^*는 가장 차이가 나는 두 값을 정하며 이들을 이용하여 아래의 식으로 계산되고 MS_w는 변량분석의 값들을 그대로 사용한다. $F^*>F$ 변량분석인 조건을 만족하는 각 처지들이 서로 차이가 있다고 판정한다. 만약 가장 차이가 나는 세트가 서로 다르다고 판정되면 그 다음 차이가 나는 세트에 대해서 동일한 가설검정을 반복하여야 한다. 대체로 Scheffe 검정은 Tukey 사후검정보다 보수적인 결과를 보여 준다고 알려져 있다.

$$MS_b^* = SS_b/df_b = \{\Sigma T^2/n - G^2/N\}/(k-1) \quad (8.6)$$

$$F^* == \frac{MS_b^*}{MS_w} \quad (8.7)$$

예제 8.2

예제 8.1의 각 처치에 대해 유의도 수준 0.05에서 (A) Tukey와 (B) Scheffe의 사후검정을 실시하여 어느 조건이 진통효과가 있는지 판정하시오.

(A) $k=4,\ N-k=16$

Tukey q 표로부터 $q=4.05$

$HSD=4.05\times\sqrt{(7.18/5)}=4.85$

위약(D)−후보물질(A)의 평균시간$=10.6-4.8=5.8>4.85$

위약(D)−후보물질(B)의 평균시간$=10.6-8.4=2.2<4.85$

위약(D)−후보물질(C)의 평균시간$=10.6-10.0=0.6<4.85$

따라서 후보물질 A만이 약효가 있다.

(B) 후보물질 A와 위약 D를 이용하여 F*를 계산하면

$Ms_w=7.18$

$$MS_b\ (A-D)=\frac{\left(\frac{24^2}{5}+\frac{52^2}{5}\right)-\frac{76^2}{10}}{4-1}=26.13$$

$F^*(A-D)=26.13/7.18=3.64>3.24$

후보 물질 B와 D를 이용하여 F^*를 계산하면

$MS_w=7.18$

$$MS_b\ (B-D)=\frac{\left(\frac{42^2}{5}+\frac{52^2}{5}\right)-\frac{94^2}{10}}{4-1}=3.33$$

$$F^*(B-D)=\frac{3.33}{7.18}=0.464<3.24$$

후보 물질 B는 약효가 없다. 따라서 A만 효과가 있다.

8.3 이원 변량분석

이원 변량분석이란 독립변수의 수가 2개인 경우를 말한다. 8.1, 8.2절의 예제에서는 진통효과의 시험에 대해 주성분의 농도 1개만이 독립변수였다. 이에 반해 독립변수가 2개 혹은 그 이상인 경우도 변량분석이 가능하며 그 원칙은 동일하다. 예를 들어 진통효과의 임상시험에서 주성분의 농도와 지역(국가)을 추가한 경우 이것은 또 하나의 독립변수가 되어 이원 변량분석이 된다. 독립변수의 수를 2개 이상으로 확장하는 것은 충분히 가능하며 이를 다원 변량분석이라 한다. 그러나 독립변수의 수가 지나치게 많아지면 오차가 증가하고 정확한 통계분석이 어려워진다. 이원 변량분석은 엑셀을 이용하여 계산할 수 있다.

8.4 엑셀을 이용한 변량분석

ANOVA 검정은 세 집단 이상에서 평균의 차이를 통계적으로 비교할 때 많이 사용하는 방법으로 추가 기능의 [데이터 분석] 기능에서 검정할 수 있다. 엑셀에서는 한 가지의 요인에 대해 평균값의 차이를 검정하는 일원 분산분석법(일원배치법)과 두 가지의 요인에 대해 평균값의 차이를 검정하는 이원 분산분석법(이원배치법)을 제공하는데 이원배치법은 같은 실험치를 반복적으로 측정한 값의 차이를 검정하는 반복 있는 이원배치법과 독립적인 군에서 측정한 값의 차이를 검정하는 반복 없는 이원배치법으로 나누어진다.

1) 일원배치 분산분석법

먼저 한 가지의 요인에 대해서 3군의 평균을 비교하는 분산분석을 수행하기 위해 [데이터 기능]에서 [분산 분석: 일원배치법]을 선택한다. 입력범위에는 전체 데이터의 범위를 지정하고(이름표 포함 가능) 데이터 방향은 본 예시에서는 열로 입력되어 있어 열을 선택하였다. 유의도 수준은 0.05를 입력하고 출력범위를 지정하고 확인을 눌러 분산분석을 수행한다.

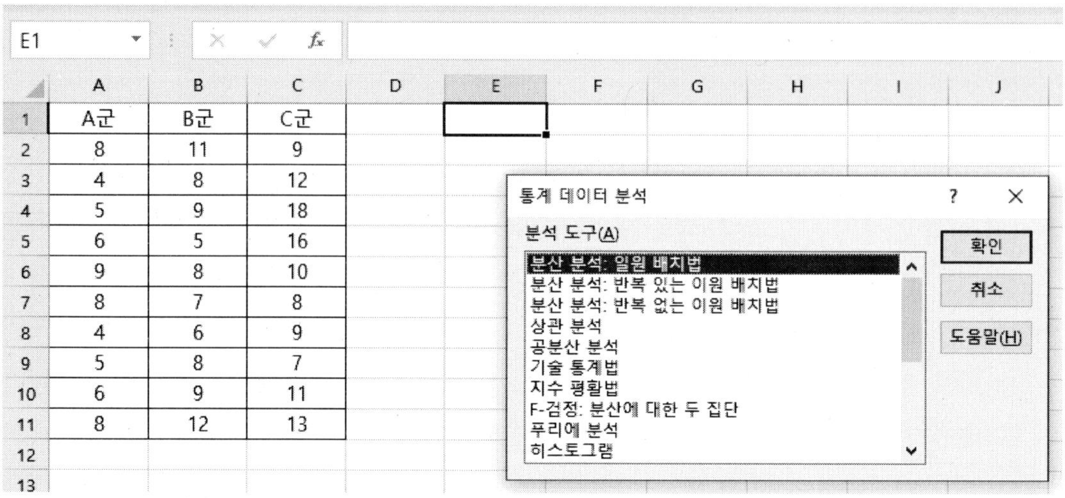
E1
A군
B군
C군
통계 데이터 분석
분석 도구(A)
분산 분석: 일원 배치법
분산 분석: 반복 있는 이원 배치법
분산 분석: 반복 없는 이원 배치법
상관 분석
공분산 분석
기술 통계법
지수 평활법
F-검정: 분산에 대한 두 집단
푸리에 분석
히스토그램
확인
취소
도움말(H)

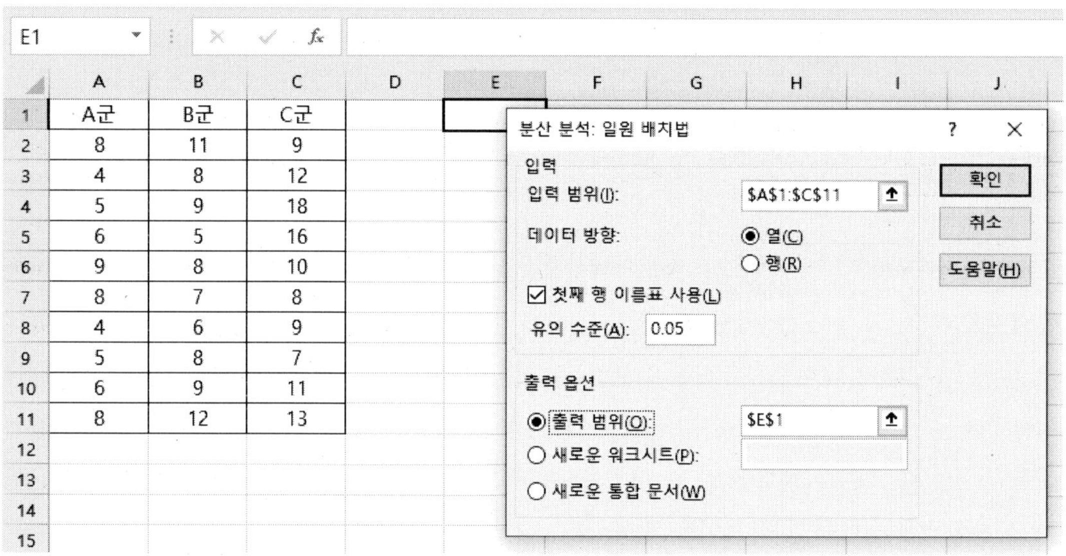
E1
A군
B군
C군
분산 분석: 일원 배치법
입력
입력 범위(I):
$A$1:$C$11
데이터 방향:
열(C)
행(R)
첫째 행 이름표 사용(L)
유의 수준(A):
0.05
출력 옵션
출력 범위(O):
$E$1
새로운 워크시트(P):
새로운 통합 문서(W)
확인
취소
도움말(H)

일원배치 분산분석 수행결과는 다음과 같다.

A군	B군	C군
8	11	9
4	8	12
5	9	18
6	5	16
9	8	10
8	7	8
4	6	9
5	8	7
6	9	11
8	12	13

분산 분석: 일원 배치법

요약표

인자의 수준	관측수	합	평균	분산
A군	10	63	6.3	3.344444
B군	10	83	8.3	4.455556
C군	10	113	11.3	12.45556

분산 분석

변동의 요인	제곱합	자유도	제곱 평균	F 비	P-값	F 기각치
처리	126.6667	2	63.33333	9.380143	0.000807	3.354131
잔차	182.3	27	6.751852			
계	308.9667	29				

요약표는 군별 평균치와 분산을 반환해준다. 분산분석표에서 F 비가 F 기각치보다 크므로 세 군의 평균 간의 유의성 있는 차이가 있으며 p 값은 0.000807으로 계산되었다. 단, 본 분산분석의 결과로 A, B, C 간의 평균치에는 통계적으로 유의성 있는 차이가 존재하지만 어떤 군 사이에 실제적으로 차이가 있는지는 판단할 수 없다. 특정 군 간의 평균에 차이가 있는지를 검정하기 위해서는 사후분석(post-hoc analysis)을 수행해야 하지만 엑셀에서는 사후분석 기능을 제공하지 않는다. 따라서 SPSS 등의 프로그램을 이용해야 사후분석까지 수행할 수 있다.

2) 이원배치 분산분석법

두 가지의 요인에 대해 평균값 차이를 검정하는 이원배치 분산분석법을 위해 위의 일원배치 분산분석법에서 사용한 데이터를 남, 여로 분류하여 남녀 차이를 요인으로 추가하여 분산분석을 수행해 본다. 남녀별 요인에 따른 군에서 각 5개의 데이터가 있으므로 반복 있는 이원배치법을 선택한다. [입력 범위]에 데이터 범위를 선택한 후 (요인 포함) 남녀로 구분했을 때 각 군당 데이터가 5개이므로 표본당 행수는 5를 입력하고 유의도 수준은 0.05로 설정하고 출력 범위를 지정하여 분산분석을 수행한다.

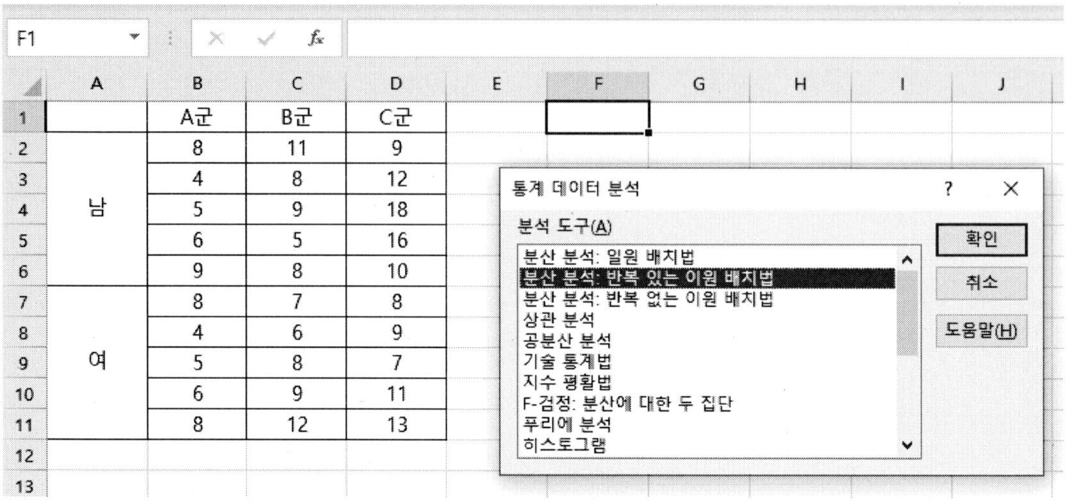
F1
A군 B군 C군
남 8 11 9
4 8 12
5 9 18
6 5 16
9 8 10
여 8 7 8
4 6 9
5 8 7
6 9 11
8 12 13
통계 데이터 분석
분석 도구(A)
분산 분석: 일원 배치법
분산 분석: 반복 있는 이원 배치법
분산 분석: 반복 없는 이원 배치법
상관 분석
공분산 분석
기술 통계법
지수 평활법
F-검정: 분산에 대한 두 집단
푸리에 분석
히스토그램
확인
취소
도움말(H)

F1
A군 B군 C군
남 8 11 9
4 8 12
5 9 18
6 5 16
9 8 10
여 8 7 8
4 6 9
5 8 7
6 9 11
8 12 13
분산 분석: 반복 있는 이원 배치법
입력
입력 범위(I): $A$1:$D$11
표본당 행수(R): 5
유의 수준(A): 0.05
출력 옵션
출력 범위(O): $F$1
새로운 워크시트(P):
새로운 통합 문서(W)
확인
취소
도움말(H)

이원배치 분산분석 수행결과는 다음과 같다.

	A군	B군	C군
남	8	11	9
	4	8	12
	5	9	18
	6	5	16
	9	8	10
여	8	7	8
	4	6	9
	5	8	7
	6	9	11
	8	12	13

분산 분석: 반복 있는 이원 배치법

요약표	A군	B군	C군	계
남				
관측수	5	5	5	15
합	32	41	65	138
평균	6.4	8.2	13	9.2
분산	4.3	4.7	15	15.17143
여				
관측수	5	5	5	15
합	31	42	48	121
평균	6.2	8.4	9.6	8.066667
분산	3.2	5.3	5.8	6.209524
계				
관측수	10	10	10	
합	63	83	113	
평균	6.3	8.3	11.3	
분산	3.344444	4.455556	12.45556	

분산 분석

변동의 요인	제곱합	자유도	제곱 평균	F 비	P-값	F 기각치
인자 A(행)	9.633333	1	9.633333	1.509138	0.231181	4.259677
인자 B(열)	126.6667	2	63.33333	9.921671	0.000724	3.402826
교호작용	19.46667	2	9.733333	1.524804	0.238014	3.402826
잔차	153.2	24	6.383333			
계	308.9667	29				

요약표는 남녀로 구분하여 군별 평균치와 분산을 반환해준다. 분산분석표에서 인자 A(행)은 남녀 간의 차이를 요인으로 설정한 것을 의미하며 F 비가 F 기각치보다 작으므로 남녀별로 유의성 있는 차이가 없음을 의미한다. 인자 B(열)는 군별 차이로 F 비가 F 기각치보다 크고 p 값이 0.000724로서 A, B, C 요인별 평균값의 유의성 있는 차이가 있는 것으로 판단할 수 있다. 교호작용은 인자A와 인자B가 서로 영향을 미치는가에 대한 검정이며 p 값이 0.05 이상이므로 인자A(남여)와 인자B(A, B, C) 간의 상호작용은 없는 것으로 판단한다. 만일 p 값이 0.05 이하로 상호작용이 있으면 독립적인 요인에 대한 검정이 불가하다는 의미이므로 각 인자별 분산분석 검정 결과도 의미가 없다고 판단한다. 이원배치 분산분석 역시 특정 군 간의 차이를 검정하기 위해서는 SPSS등 통계프로그램을 이용한 사후분석이 필요하다.

연습문제

1 어떤 제약회사에서 진통제 신약후보물질에 대해 임상 실험을 실시하여 다음과 같은 결과를 얻었다. 각 점수는 통증을 견디는 시간을 나타낸다. (유의도 수준 $\alpha=0.05$ 이용)

위약	약 A	약 B
n(표본수)$=3$	3	3
T(점수의 합)$=5$	15	40
$SS=10$	10	15

(A) 신약후보 물질은 약효가 있는가?
(B) HSD 사후검정 결과는?

2 어떤 제약회사에서 진통제 신약후보물질에 대해 임상 실험을 실시하여 다음과 같은 결과를 얻었다. 각 점수는 통증을 견디는 시간을 나타낸다. (유의도 수준 $\alpha=0.05$ 이용)

위약	약 A	약 B
n(표본수)$=5$	5	5
T(점수의 합)$=10$	24	40
$SS=25$	30	50

(A) 신약후보 물질은 약효가 있는가? (F 검정 사용)
(B) Scheffe 사후검정 결과는?

3 엑셀을 이용하여 예제 8.1을 계산하시오.

못다 핀 수학천재 갈루아

갈루아(Evariste Galois, 1811~1832)는 수학 역사상 손꼽히는 천재 중 한 명이었지만 한 여인을 두고 결투하여 사망한 사람이다. 그는 1811년 10월 25일 프랑스 부르라렌에서 태어났다. 당시 프랑스 사회는 대혁명 이후 왕정과 공화정이 번갈아 들어서면서 몹시 혼란스러웠다. 따라서 갈루아는 학교에 가지 않고 12세 때까지 집에서 어머니로부터 가정교육을 받았다. 1823년 갈루아는 리세 루이르그랑 학교에 입학하였으나 수학 과목 외에 다른 분야에는 흥미가 없었다. 갈루아는 웬만한 수학문제를 모두 암산으로 할 수 있었으나 교사가 연필이나 메모지를 사용하지 않는다고 하여 반항적 학생이라 생각하였으며 수학 성적은 좋지 않았다.

갈루아가 스스로 말한 바에 따르면 아드리앵 마리 르장드로(Adrien Marie Legendre)의 기하학기초 책을 소설처럼 읽고 한 번에 바로 이해했다고 한다. 1823년 갈루아는 별다른 준비 없이 당시 프랑스 최고의 수학과가 있는 에콜 폴리테크니크(École Polytechnique)에 응시했으나 낙방하였고, 수학 분야에서 평판이 별로 없었던 에콜 노르말 쉬페리외르(École normale supérieure)에 입학하였다. 이듬해에 갈루아는 연분수 주제로 첫 번째 수학논문을 발표하였다. 이후 다항방정식의 해에 대해 연구를 계속하였으며 프랑스 과학 아카데미에 수학논문을 2편 제출하기도 하였다. 갈루아는 매우 급진적인 공화주의자로서 활발히 활동하였으며 교장을 비난하는 편지를 가제트 데제톨에 기고하였고, 이로 말미암아 1831년 학교에서 제적되었다.

갈루아는 1832년 5월 30일 한 여인을 두고 데르벵빌과 결투를 하게 되었다. 당시 갈루아는 전혀 총을 만져본 적도 없는 반면 상대는 유명한 사격 선수였었다. 권총 결투 후 갈루아는 다음날 사망하였다. 결투 전날 갈루아는 자신의 운명을 직감하면서 그동안 본인이 생각하였던 군(group) 이론에 대해 정리하는 편지를 썼다. 내용을 전개하는 도중에 날은 밝아오는데 시간이 없다는 내용의 낙서들을 군데군데 남겼다.

갈루아는 오늘날 현대수학의 기본 바탕인 군론을 최초로 체계적으로 연구한 업적으로 아주 높게 평가받고 있다. 갈루아는 본인이 개발한 군론으로 5차 이상의 방정식에 대해서는 일반근이 없음을 처음으로 증명하였다.

제 9 장

비모수검정

통계학에서 사용하는 추론 방법으로 모집단이 정규분포와 같은 특정한 분포를 따른다고 가정하여 검정하는 경우를 모수적 방법(parametric method)이라고 한다. 그러나 현실적으로 이런 가정을 충족하지 못하는 경우가 많으며 이런 경우의 통계적 분석법을 비모수적 방법(non-parametric method)이라고 한다. 모수적 방법은 관측값 자체를 사용하는 데 비하여 비모수적 방법은 관측값의 순위나 부호에 관한 정보를 이용하는 방법들이 많다. 대표적인 모수적 방법으로는 z, t, F 등의 함수를 이용한 가설검정이 있다. 9장에서는 제약산업, 특히 임상시험에서 널리 사용되는 비모수 검정법인 카이제곱검정, Man-Whiteny U 검정, Wilcoxson 검정을 소개하고자 한다.

9.1 카이제곱(χ^2)검정

카이제곱검정은 일변량 자료와 이변량 자료로 구분하여 설명하고자 한다. 일변량 자료는 독립변수가 하나인 자료이다. 기본 공식은 아래에 나타나 있으며, 카이제곱표는 부록에 수록되어 있다. 카이제곱검정에서도 자유도가 사용된다.

$$\chi^2 = \Sigma \frac{(f_0 - f_e)^2}{f_e} \tag{9.1}$$

f_e: 기대빈도,$=pn$, f_0: 자료의 빈도

자유도(degree of freedom)=(행렬수-1)

카이제곱검정에서도 $\chi^2{}_{실험치} > \chi^2{}_{기준치}$이면 가설은 기각된다. 카이제곱함수를 이용한 가설검정의 방법은 6장에서 공부한 z 검정, 7장의 t 검정법과 그 절차는 동일하며 단지 통계함수만이 다를 뿐이다. 카이제곱 가설검정에서도 양측검정은 $p<0.025$를 사용하며 단측검정은 $p<0.05$를 이용한다.

예제 9.1

진통제 사용현황에 대해 설문조사를 실시하였다. 100명 중 타이레놀, 아스피린, 이부프로펜, 기타를 선호한 사람이 각각 47명, 30명, 13명, 10명이었다. 위 사람들은 특정 약에 대한 선호도가 있는가? $p<0.05$의 조건에서 카이제곱검정을 실시하시오.

단계 1 귀무가설은 각 진통제에 대한 선호도가 없으므로

$\mu=100/4=25$

H_0: $\mu=25$, H_1: $\mu\neq 25$

단계 2 자유도$=4-1=3$

$p<0.05$인 조건에서 $\chi^2_{기준치}=7.815$

단계 3 $\chi^2=\dfrac{(47-25)^2+(30-25)^2+(13-25)^2+(10-25)^2}{25}=35.12$

단계 4 $\chi^2_{실험값}$ $35.12>\chi^2_{기준치}$ 7.815

따라서 귀무가설을 기각하고 대립가설을 채택한다. 즉, 진통제의 선호도는 존재한다.

이변량 자료의 경우 카이제곱검정의 공식은 동일하나 f_e를 구하는 방식이 다음과 같이 다소 까다롭다.

$$f_e=\frac{f_c f_r}{n} \quad (f_c\text{: 종열빈도의 합, } f_r\text{: 횡열빈도의 합}) \tag{9.2}$$

자유도 = (행의 수 - 1)(열의 수 - 1)

예제 9.2

예제 9.1의 진통제 사용현황에서 남녀 간의 의약품 선호도를 추가한 결과 다음과 같이 나타났다. 남녀 간의 진통제 사용에 대한 선호도 차이는 있는가? $p<0.025$의 조건에서 카이제곱검정을 실시하시오.

	타이레놀	아스피린	이부프로펜	기타	합계
남자	20	10	9	6	45
여자	27	20	4	4	55
합계	47	30	13	10	100

단계 1 귀무가설은 각 진통제에 대한 선호도가 없으므로

H_0: $\mu_1 = \mu_2 = 25\%$, H_1: $\mu_1 \neq \mu_2 \neq 25\%$

단계 2 자유도=$(4-1)(2-1)=3$

$p < 0.025$인 조건에서는 $\chi_2 = 9.348$

단계 3 f_e를 식 (9.2)에 따라 계산하면 다음과 같이 된다.

	타이레놀	아스피린	이부프로펜	기타	합계
남자	45×47/100=21.15	45×30/100=13.5	45×13/100=5.85	45×10/100=4.5	45
여자	55×47/100=25.85	55×30/100=16.5	55×13/100=7.15	55×10/100=5.5	55
합계	47	30	13	10	100

$$\chi^2 = \frac{(20-21.15)^2}{21.15} + \frac{(10-13.5)^2}{13.5} + \frac{(9-5.85)^2}{5.85} + \frac{(6-4.5)^2}{4.5} +$$

$$\frac{(27-25.85)^2}{25.85} + \frac{(20-16.5)^2}{16.5} + \frac{(4-7.15)^2}{7.15} + \frac{(4-5.5)^2}{5.5} = 5.76$$

단계 4 $\chi^2_{\text{실험값}}$ $5.76 < \chi^2_{\text{기준치}}$ 9.348

따라서 귀무가설을 채택한다. 즉, 남녀 간의 진통제 선호도는 없다.

9.2 이항분포를 이용한 가설검정

이항분포(3.2절)를 이용하여 가설검정을 하는 경우가 있으며 이것은 주로 이항분포의 성공 확률에 대해 검정을 하는 비모수적 방법이다. 이때 사용하는 검정통계량 z는 다음과 같이 정의된다.

$$z = \frac{(x - np)}{\sqrt{npq}} \tag{9.3}$$

n: 표본수, p: A를 충족하는 확률, q: A를 충족하지 못하는 확률$(1-p)$

이항분포함수를 이용한 가설검정 방법은 다른 정규분포함수 z를 이용한 가설검정과 절차는 동일하다.

예제 9.3

어느 음료회사가 신제품(A)을 개발한 후 시장을 주도하는 타사제품(B)과 블라인드 비교시험을 실시하였다. 참여한 사람이 130명이고, 이 중 80명이 자사제품을 선호하였다. 이 회사의 신제품은 타사제품에 비해 선호도가 높다고 할 수 있는가? 이항분포검정을 사용하고 유의도 수준 0.05의 양측검정 조건을 이용하시오.

단계 1 H_0: $\mu_A = \mu_B = 130/2 = 65$

H_1: $\mu_A \neq \mu_B$

단계 2 $\alpha = 0.05$, $z_{기준값} > 1.96$

단계 3 $z_{실험값} = (80 - 130 \times 0.5) / \sqrt{130 \times 0.5 \times 0.5} = 2.63$

단계 4 $z_{실험값} > z_{기준값}$이므로 귀무가설을 기각한다. 즉, 자사제품에 대한 선호도가 더 높다.

9.3 Mann-Whitney 검정

각 50명씩인 두 학과에서 통계시험을 친 후, 두 집단을 분석하는 경우를 생각해 보자. 분석방법으로 두 집단을 모두 합한 후 가장 낮은 사람부터 순위를 매길 경우, 두 집단의 성적이 비슷하면 순위는 두 집단 모두에 고루 분포될 것이다. 만약 한 학과의 성적이 다른 학과보다 우수하다면 한쪽 학과에는 1, 2, 3 등과 같은 낮은 숫자가 다른 학과에는 48, 49, 50 등과 같은 높은 숫자들이 몰리게 된다. Mann-Whitney 검정에서 이런 점에 착안하여 두 집단 간의 순위를 비교함으로써 검정을 하는 비모수검정법이다.

Mann-Whitney 검정을 수행하기 위해서는 점수로 된 값들을 순위(Rank)로 바꾸어 주어야 하며 이 경우 통계함수 U는 다음과 같이 계산된다.

$$U_a = n_a \times n_b + n_a(n_a+1)/2 - R_a$$
$$U_b = n_b \times n_a + n_b(n_b+1)/2 - R_b \quad (9.4)$$
$$U:\ U_a,\ U_b \text{ 중 작은 값}$$

(R_a : a 집단의 순위 합, R_b : b 집단의 순위 합)

Mann-Whitney 검정의 기준표는 부록에 수록되어 있다. Mann-Whitney 검정에서는 $U_{실험값} \leq U_{기준값}$일 때 귀무가설이 기각된다. 특히 기각역이 다른 모수검정과는 반대라는 점에 주의해야 한다. Mann-Whiteny 검정과 같은 순위검정에서는 각 자료의 수치들을 순위로 환산함으로써 자료 중 특정 정보가 소실되는 정보손실이 발생할 수 있다.

예제 9.4

어느 대학의 A, B 학과에서 통계 시험을 보았으며 분석을 위해 무작위로 5명씩 뽑은 결과 다음의 점수가 나왔다. 한 학과는 다른 학과보다 시험성적이 좋다고 말할 수 있는가? Mann-Whitney 검정을 사용하며 5% 양측검정을 실시하시오.

학과/성적					
A 학과	60	74	59	95	85
B 학과	43	57	39	67	78

시험성적을 순위로 바꾸면 다음과 같다.

학과/성적						R 성적의 총합
A 학과	5	7	4	10	9	35
B 학과	2	3	1	6	8	20

단계 1 H_0: $\mu_A = \mu_B$, H_1: $\mu_A \neq \mu_B$

단계 2 $n_a = 5$, $n_b = 5$, $U_{기준값} = 2$

단계 3 $U_a = 5 \times 5 + 5 \times 6/2 - 35 = 5$

$U_b = 5 \times 5 + 5 \times 6/2 - 20 = 20$

$U_{실험값} = 5$

단계 4 $U_{실험값}$ $5 > U_{기준값}$ 2

따라서 귀무가설을 채택한다. 즉, 두 학과의 성적은 통계적으로 차이가 없다.

9.4 Wilcoxon 검정

Wilcoxon 검정은 임상시험 등에서 대단히 유용하게 사용되는 검정법이다. Mann-Whiteny 검정은 두 집단을 모두 혼합한 후 순위를 비교 하지만, Wilcoxon 검정에서는 세트의 차에 대한 순위검정을 실시한다. 따라서 Wilcoxon 검정을 수행하기 위해서는 두 집단의 수가 모두 같아야 한다. Wilcoxon 검정에서는 두 차를 계산하여 순위를 구한 후 + 집단의 합을 $R+$, − 집단의 합을 $R-$로 계산한 다음 작은 값이 T가 된다.

$$\begin{aligned} &R+\text{: 세트의 + 값 순위합계} \\ &R-\text{: 세트의 − 값 순위합계} \\ &T\text{: } R+\text{와 } R-\text{ 중 작은 값} \end{aligned} \tag{9.5}$$

유의도 수준 0.05 양측검정 시 Wilcoxon 검정의 표를 부록에 수록하였다. 단측검정에서는 유의도 수준의 값에 2배를 하면 된다. 예를 들면 0.05 단측검정의 값은 0.025 양측검정과 같은 값이 된다. Wilcoxon 가설검정의 판정에서도 $T_{\text{실험값}} \leq T_{\text{기준값}}$일 때 귀무가설이 기각된다. 만약 실험값에 같은 값이 두 개가 발생할 경우, 예를 들어 +20, +20이 두 번 나오고 그 값이 동률 3위인 경우 모두 +3.5로 계산된다.

예제 9.5

금연을 위한 캠페인 교육을 실시하고 그 효과를 검정하고자 한다. 다음은 7명의 참여자 중 캠페인 교육을 이수한 사람들의 하루 이용 담배 수를 나타낸다. 이 캠페인은 효과가 있는가? Wilcoxon 순위검정을 이용하여 유의도 수준 0.05의 양측검정 조건에서 판정하시오.

	A	B	C	D	E	F	G
교육 전	20	12	5	7	30	3	10
교육 후	10	0	1	10	10	5	9
차이	−10	−12	−4	+3	−20	+2	−1
순위	−5	−6	−4	+3	−7	+2	−1

단계 1 H_0: 교육효과가 없다.

H_1: 교육효과가 있다.

단계 2 $\alpha=0.05$, 양측검정. Wilcoxon 표로부터 $T_{기준값}=2$

단계 3 R+: 3+2=5

R−: −5−6−4−7−1=−23

$T_{실험값}=5$

단계 4 $T_{실험값}$ 5 > $T_{기준값}$ 2

따라서 귀무가설을 채택한다. 즉, 금연 캠페인효과는 없다.

9.5 Friedman 검정

Friedman 검정은 미국의 유명 경제학자인 Milton Friedman에 의해 개발된 통계함수이다. 다원 검정에 속하며 전체를 몇 개의 군으로 분할한 후 통계검정시도에 적용된다. Friedman 검정에서는 순위합 평균순위가 사용되며 이때 통계함수 S는 다음과 같다(분포표는 부록에 수록되어 있다).

$$S=12n/nk(k+1)\times\Sigma R_j^2-3n(k+1) \tag{9.6}$$

(R_j: Friedman 순위합, n: 각 군내 표본 수, k: 처치 수)

Friedman 검정에서는 $S_{실험값}>S_{기준치}$인 경우 귀무가설을 기각한다.

예제 9.6

수면제의 임상시험을 실시하여 아래와 같은 결과(순위자료)를 얻었다. 수면제의 종류에 따라 약효는 차이가 있는가? (유의도 수준 5%에서 양측검정을 실시하시오.)

그룹/수면제	A	B	C	D
1	4	3	2	1
2	3	4	2	1
3	4	2	3	1
4	3	1	4	2
5	4	3	1	2
순위합 R_j	18	13	12	7

단계 1 H_0: 약효의 차이가 없다.

H_1: 약효의 차이가 있다.

단계 2 $k=4$, $n=5$, $S_{기준값}=7.80$

단계 3 $S_{실험값}=\{12\times5/(5\times4\times5)\}\times(18^2+13^2+12^2+7^2)-3\times5\times5=336.6$

단계 4 $S_{실험값}>S_{기준값}$

따라서 귀무가설을 기각한다. 즉, 수면제의 약효는 서로 다르다.

9.6 엑셀 사용하기

엑셀은 비모수검정 중에서 카이제곱검정의 p 값과 카이제곱통계값을 제공한다. 위의 예제 9.1의 진통제 선호도를 엑셀을 이용하여 검정해 본다. 다음과 같이 실제 조사값과 차이가 없다고 가정했을 때의 예측값을 표로 정리하고 엑셀 함수 마법사에서 CHISQ.TEST 함수를 선택한다. 함수 인수 창에서 [Actual_range]에 조사값 데이터의 범위를 지정하고 [Expected_range]에 예측치 데이터의 범위를 지정하면 p 값을 반환한다. 본 예제에서는 $p=0.000000115$로 산출되어 진통제 선호도에 있어 유의성 있는 차이가 있다고 판단한다.

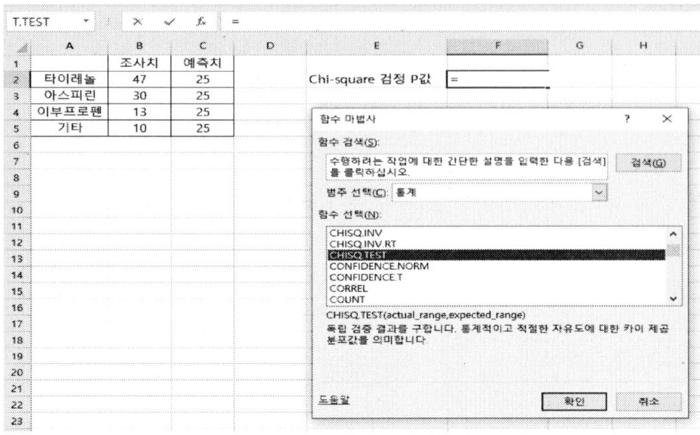

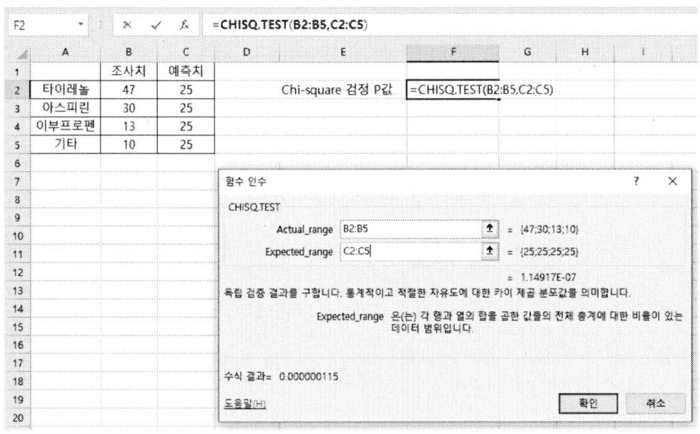

예제 9.2도 마찬가지로 조사치와 예측치를 표로 만들고 CHISQ.TEST를 실행하여 [Actual_range]와 [Expected_range]에 각각 범위를 입력하면 아래와 같이 p 값을 얻을 수 있다. 여기서 도출한 p 값은 0.1241로 진통제 선호도에 있어 남녀 간에 유의성 있는 차이는 없다고 판단할 수 있다.

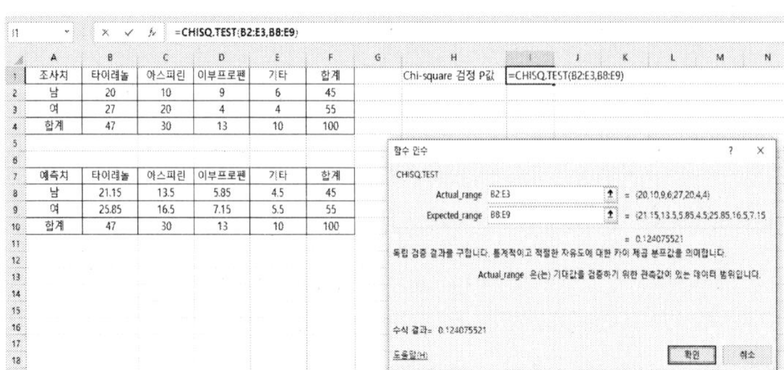

연습문제

1 제약공학과 학생 40명의 가장 좋아하는 취미를 조사하였다. 영화가 20명, 인터넷 게임 15명, 음악 감상 5명이었다. 취미에는 차이가 있다고 할 수 있는가? 유의도 수준 5% 양측검정으로 카이제곱검정을 사용하시오.

2 토익 수강 전후의 영어 점수를 비교하였다. 토익강좌는 학생들의 영어 실력 향상에 기여하였는가? (Wilcoxon 검정을 사용) 유의도 수준 5% 단측검정을 사용하시오.

학생	토익 수강 전 영어 점수	토익수강 후 영어 점수
1	404	380
2	450	470
3	480	435
4	490	500
5	700	760
6	790	810
7	622	650

3 2번의 실험 결과를 Mann-Whitney 검정을 사용했을 때 효과는 어떠한가?

4 A 학과와 B 학과가 통계 수업을 함께 수강하고 있다. A 학과 학생 4명의 통계 성적이 30, 40, 50, 60점이고 B 학과의 학생 4명의 성적이 55, 65, 75, 85점일 때 A, B 학과 학생의 점수 간에 차이가 있는가? 5% 양측검정으로 Mann-Whitney U 검정을 사용하시오.

5 문제 1을 엑셀을 이용하여 계산하시오.

인도의 천재수학자 라마누잔

라마누잔(Srinivasa Aiyangar Ramanujan, 1887~1920)은 1887년 12월 22일 남인도 에로데에서 브라만 계급의 가난한 집안에서 태어났으며, 강한 종교적 열정과 생활양식을 가져서 평생 채식주의자로 살았다. 라마누잔은 어린 시절부터 수학에 천재성을 보였으며 남인도의 Kumbakonam 대학에서 공부하였으나 수학 이외의 다른 과목에서 낙제를 하는 통에 중퇴하였다. 1913년 그는 본인이 발견한 수학정리 몇 개를 적은 편지를 영국 케임브리지 대학의 수학과 교수인 하디(Hardy)에게 보냈는데, 하디는 단번에 그의 천재성을 알아보고 그를 케임브리지 대학에 초청하였다.

영국에서 하디와 라마누잔은 공동연구를 하였으며, 후에 하디는 본인의 최대 업적은 라마누잔을 발견한 것이라고 하였다. 그러나 라마누잔은 영국에서 생활하며 문화적 차이, 채식주의자로서의 음식조달의 어려움 등으로 힘들어 했고, 1차 세계대전이 끝나자 인도로 돌아갔으나 건강이 회복되지 않아서 1920년에 사망하였다.

그는 정수론 분야에서 탁월한 업적을 남겼으며 원주율, 소수, 분할함수 등을 응용한 합의 공식을 많이 발견하였다. 또한 그가 발견한 공식과 정리 등은 증명 없이 결과만 노트에 기록되었다. 그의 연구노트 3권에는 약 4,000개의 공식을 담고 있는데 후배 수학자들은 그의 노트에 담긴 식을 연구하면서 수학의 많은 새로운 분야를 개척하기도 하였다. 그와 관련된 에피소드로서 1729라는 수의 택시 수(Taxicab number)가 유명하다.

그가 도출한 결과들은 블랙홀 연구, 인터넷 응용 등 수많은 분야에서 현대사회에 큰 기여를 하고 있다고 한다. 현재 그의 연구업적과 관련하여 라마누잔저널이라는 전문수학학술지가 발행되고 있고 인도 정부에서는 2011년부터 12월 22일을 인도수학의 날로 정하여 기념하고 있다.

제 10 장

품질관리 및 실험계획법

10.1 공정능력지수

공정능력지수(C_p)는 실제 산업현장에서 제조공정이 품질관리기준을 잘 충족하는지를 관리하는 아주 중요한 지표이다. 공정능력지수는 다음과 같이 정의된다.

$$C_p = (UCL - LCL)/6\sigma \tag{10.1}$$

UCL: 상부관리 한계선(Upper Control Limit)

LCL: 하부관리 한계선(Lower Control Limit)

규격 상한만 주어질 때는 다음 식으로 계산된다.

$$C_p = \frac{(UCL - \mu)}{3\sigma} \tag{10.2}$$

규격 하한만 주어질 때는 다음 식으로 계산된다.

$$C_p = \frac{(\mu - LCL)}{3\sigma} \tag{10.3}$$

이때 C_p에 따른 공정능력 판단기준은 다음과 같다.

$C_p \geqq 1.33$	매우 만족, 현 상태유지
$1 \lesseqgtr C_{pp} < 1.33$	만족, 관리주의
$0.67 \lesseqgtr C_p < 1$	불만족, 개선필요
$C_p < 0.67$	매우 불만족, 긴급조치 필요

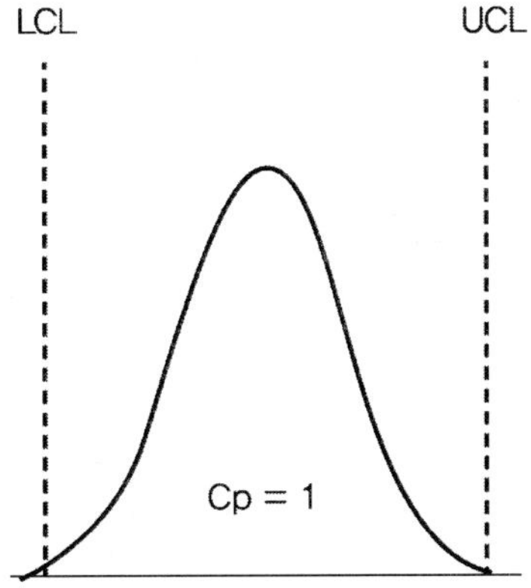

그림 10.1 공정능력지수(C_p)

예제 10.1

진통제 제조 공정 시 주성분의 함량을 500 mg, UCL=507 mg, LCL=493 mg으로 관리하고자 한다. 30 배치의 생산공정 결과치는 평균값이 501 mg이었고 표준편차는 2 mg이었다. 공정능력지수를 계산하고 관리되는 공정은 얼마나 안정적인지 판단하시오.

$$C_p=(507-493)/(6\times 2)=1.17$$

공정은 만족하나 관리에 다소 주의가 필요하다.

10.2 회고적 밸리데이션

밸리데이션 중 과거의 자료에 근거한 회고적 밸리데이션을 실시하는 경우가 존재한다. 밸리데이션이란 특정한 공정, 방법, 기계설비 또는 시스템이 미리 설정되어 있는 판정기준에 맞는 결과를 일관되게 도출한다는 것을 검정하고 이를 문서화하는 것을 말한다. 밸리데이션에는 예측적, 동시적 및 회고적 밸리데이션이 존재한다. 이중 회고적 밸리데이션은 특수한 경우로서 의약품의 생산시설 및 원재료가 과거와 동일할 때, 과거의 자료를 바탕으로 현재의 의약품생산을 검정하는 방법이다.

회고적 품질관리를 위해서는 과거 배치(batch)별로 생산된 의약품의 주성분 평균($\bar{x}$)과 범위(R)에 대한 자료가 필요하다. 범위는 각 배치별 자료의 가장 큰 값($\bar{x}_{\text{max}}$)에서 가장 작은 값($\bar{x}_{\text{min}}$)을 뺀 것을 의미한다. 이것을 바탕으로 평균치의 평균($\bar{\bar{x}}$)과 범위의 평균값($\bar{R}$)을 계산한다.

$$\bar{\bar{x}} = \Sigma \frac{\bar{x}}{n}$$
$$\bar{R} = \bar{x}_{\text{max}} - \bar{x}_{\text{min}} \tag{10.4}$$

품질관리는 그림 10.2와 같이 $\bar{x}$와 R의 두 종류 그래프로 나타낸다.

(A) 조치한계(action limit):

$\bar{x}$ 그래프

$UCL = \bar{\bar{x}} + k_1\ \bar{R}$

$LCL = \bar{\bar{x}} - k_1\ \bar{R}$

R 그래프

$UCL = k_3\ \bar{R}$

$LCL = k_2\ \bar{R}$ (10.5)

(B) 경고한계(warning limit):

$\bar{x}$ 그래프

$UCL = \bar{\bar{x}} + 2/3\ k_1\ \bar{R}$

$LCL = \bar{\bar{x}} - 2/3\ k_1\ \bar{R}$

R 그래프

$UCL = 2/3\ k_3\ \bar{R}$

$LCL = 2/3\ k_2\ \bar{R}$ (10.6)

k_1, k_2, k_3 값들은 각 배치당 몇 개의 샘플을 취했는가에 따라 달라지며 표 10.1에 나타나 있다.

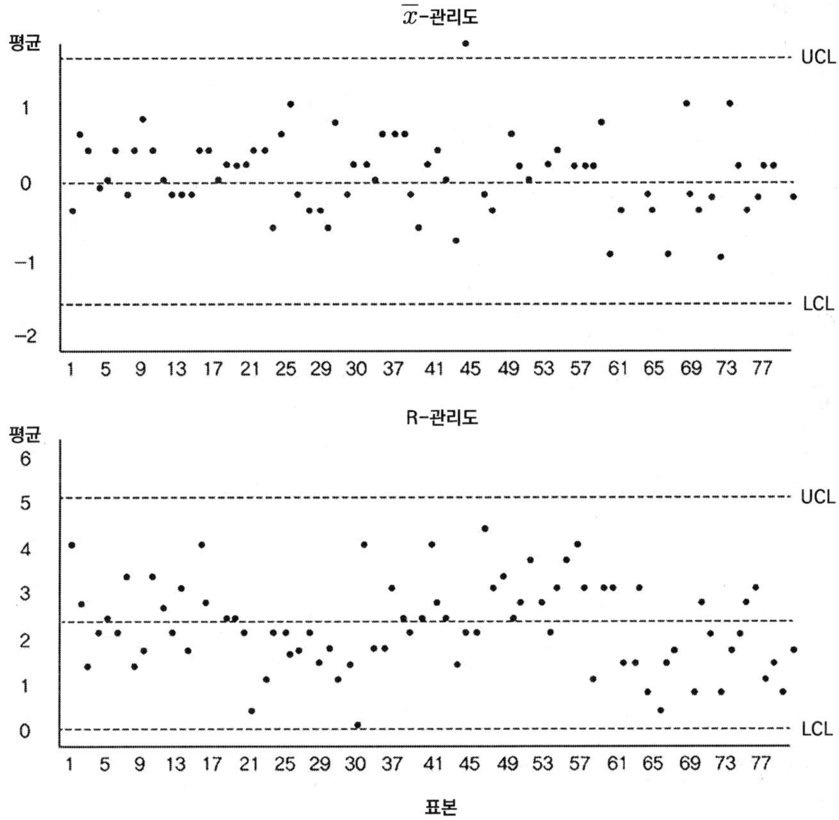

그림 10.2 회고적 품질관리

표 10.1 회고적 밸리데이션에서 UCL, LCL 계산을 위한 k_1, k_2, k_3 값

n	k_1	k_2	k_3
2	1.880	0	3.267
3	1.023	0	2.575
4	0729	0	2.282
5	0.577	0	2.115
6	0.483	0	2.004
7	0.419	0.076	1.924

예제 10.2

제약회사에서 회고적 밸리데이션을 실시하였으며 20배치에 대해 조사한 결과 주성분의 함량 평균치($\bar{\bar{x}}$)가 105, 범위평균($\bar{R}$)이 2로 나타났다. 각 배치에 대해서 2개의 샘플들이 채취되었다. $\bar{x}$ 관리도와 R 관리도에 대한 조치한계 UCL과 LCL을 구하시오.

각 배치당 2개의 샘플이 채취된 경우 표 10.1에서

$k_1=1.880,\ k_2=0,\ k_3=3.267$

x 관리도

$UCL=105+1.88\times2=108.76$

$LCL=105-1.88\times2=101.24$

R 관리도

$UCL=3.267\times2=6.534$

$LCL=0\times2=0$

10.3 실험계획법

실험계획법(Design Of Experiment, DOE)이란 문제해결을 위하여 실험을 설계할 때 어떤 식으로 진행해야 가장 효율적인 정보의 획득이 가능한지를 다루는 통계방법으로 로날드 피셔(Ronald Fisher)가 1920년대 농업실험에서의 경험을 토대로 발전시켰으며, 대부분의 제조업 산업현장에서 널리 사용되는 방법이다.

실험은 크게 볼 때는 매우 많은 종류의 원료로부터 꼭 맞는 원료들을 선별하는 과정과 그들을 이용하여 제조(조립, 시험)하는 공정으로 나눌 수 있다. 엄청난 수의 원료로부터 제품의 생산에 필요한 적절한 수의 원료선별 과정은 일일이 그 경우의 수를 따지면 매우 많아서 모든 경우를 다 고려할 수 없다. 또한 수십 종의 선택된 원료로부터 완제품을 생산하는 공정 또한 그 조합이 매우 많을 수 있다.

따라서 제조업에서 적절한 최적의 제품이 있다고 가정하더라도 기존의 원료조합으로 이것을 달성했다고 말할 수 없는 실정이다. 그러므로 현실적으로는 제한된 수의 원료와 각 원료에 대한 제한 수의 조립 또는 반응시험을 거쳐서 여러 가지 최종제품을 생산하고 마지막 검정 과정에서 최종제품을 낙점한다고 볼 수 있다. 실험계획법은 이러한 무한대에 가까운 경우의 수를 과학적, 통계학적 관점에서 줄여서 그 범위를 좁힘으로써 적은 수의 실험을 통해 최적의 제품을 제조하는 기법이라고 할 수 있다. 실험계획법의 목적을 요약하면 적절한 절차를 통하여 최소한의 실험 횟수로 유용한 정보를 얻고자 함이다. 일반적인 실험계획법의 절차는 그림 10.3에 나타나 있다.

실험계획법에는 몇 가지 중요한 기본용어가 있다. 특성치(characteristic value) 또는 출력변수라 함은 실험에서 데이터의 형태로 측정되는 결과값으로서 실험계획의 목적이며 보통 함수 y로 표현된다. 인자(factor) 또는 입력변수는 특성치에 영향을 미친다고 생각되는 많은 원인들 중 중요하게 영향을 미치는 변수를 의미하며 보통 x로 표시된다. 인자의 수가 너무 많으면 실험계획법의 분석에 좋지 않은 영향을 미치므로 되도록 큰 영향만을 미치는 변수로 제한하여야 한다. 수준(level)은 실험에서 인자의 범위를 의미한다. 그리고 때로는 동일실험을 2회 이상 반복(replication)하는 경우도 존재한다. 커피를 예로 들면 특성치는 맛있는 커피제조가 되며, 인자는 커피의 종류, 물의 온도가 될 수 있다. 수준은 커피의 품종으로 A, B사의 제품, 물의 온도는 70℃, 95℃가 되며 반복으로 2회의 실험을 실시할 수 있다.

실험계획법은 크게 선별과정(screening)과 최적화과정(optimization)으로 나눌 수 있다. 선별과정은 최종제품에 중요하게 영향을 미치는 요인들을 선정하는 과정이며 그 선정과정은 8장에서 소개한 변량분석(ANOVA) 통계기법을 주로 사용한다. 또한 Pareto의 원칙이 있는데 이는 20%의 요인들이 전체에서 80%에 영향을 미친다는 이론이며, 현대사회에서 광범위하게 공감대를 얻어가고 있다. 최적화과정은 각 요인들 간의 관계를 방정식으로 만들어 그 상관관계(4장 참조)를 확인하여 최적의 제품을 생산하는 과정이라고 할 수 있고 회귀방정식 모델을 주로 사용한다(그림 10.4).

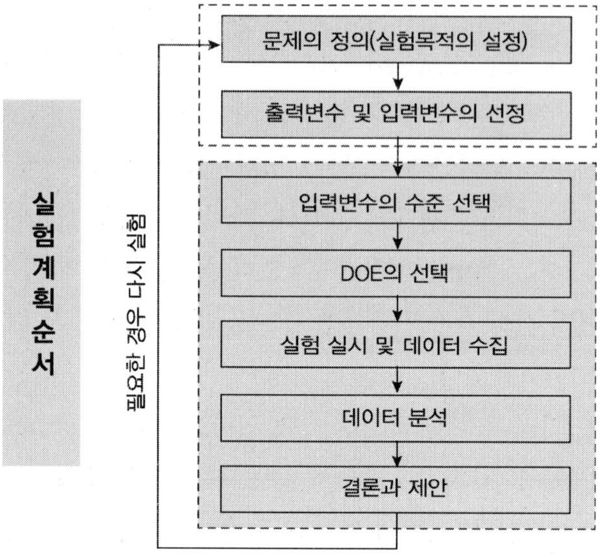

그림 10.3 실험계획법의 절차

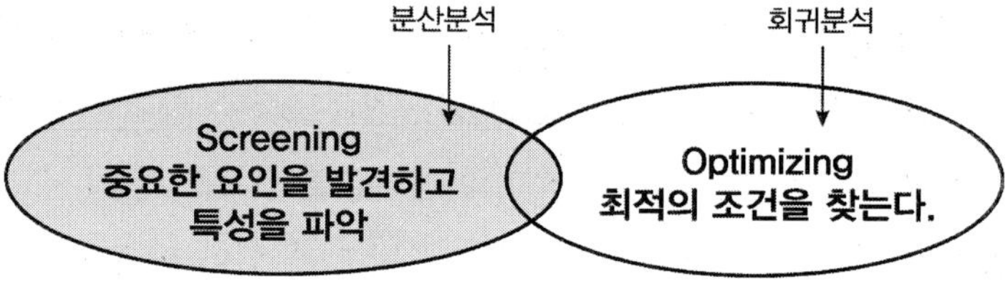

그림 10.4 실험계획법의 요인결정과 회귀분석

제약산업의 예시로 정제를 제조하는 경우를 생각해 보자. 정제 제조시 주성분의 함량을 일정하게 유지하는 것이 매우 중요하다. 이 예에서 주성분의 함량은 특성치(y)가 되고, 중요한 인자로서는 주성분원료의 순도(x_1)와 총 정제질량(x_2)이 될 수 있고 이 경우 회귀방정식은 다음과 같은 식으로 표현될 수 있다.

$$y = -48.2 + 0.49x_1 + 0.11x_2$$

y: 주성분의 함량(mg)

x_1: 주성분의 순도(%)

x_2: 정제의 질량(mg)

실험계획법의 종류는 좀 더 세분화하면 회귀방정식의 형태에 따라 일차 방정식을 이용한 요인설계(factorial design), 이차 방정식을 이용하는 반응표면분석법(response surface design), 다차 곡선방정식을 사용하는 혼합물 실험계획법(mixture design)으로 구분할 수 있다. 반응표면분석법을 사용하는 경우 인자와 특성치가 이차 방정식의 곡선으로 나타나는 경우에 적절한 방법이며 최솟값, 최댓값 등의 변곡점을 파악할 수 있다는 장점이 있다(그림 10.5).

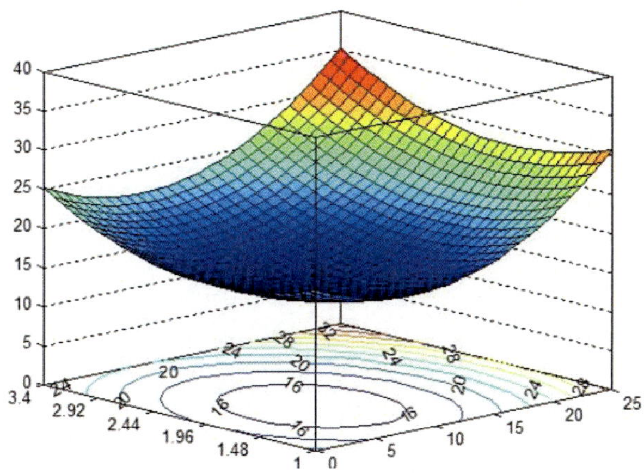

그림 10.5 반응표면분석법

혼합물 실험계획은 다른 실험계획법과 약간의 차이가 있다. 일반적인 실험계획법에서는 각 요인들이 서로 독립적인 관계에서 실험이 진행되지만, 혼합물 실험계획법에서는 전체 성분의 합이 일정한 양으로 정해지거나 전체의 비율이 100%가 되어야 하는 제한이 걸려 있다. 그리고 대부분의 혼합물 실험계획법에서는 각 성분의 상한값과 하한값이 지정되어 있는 경우가 많은 등 혼합비에서 상당한 제한이 가해진다. 이러한 혼합물 실험계획법은 액체의 배합과 관련된 최적화 시험, 의약품 및 화장품 제제 개발을 위한 최적화 시험 등에 널리 사용되고 있다.

액제의 의약품을 제조하는 경우 주성분 1~2개에 다양한 첨가제가 혼합될 수 있다. 보통 주성분의 함량은 법적으로 정해지지만 첨가제의 경우 그 종류가 상당히 다양하여 어떤 물질을 얼마의 함량으로 사용하는지를 결정하기가 상당히 어렵다. 이런 경우에는 그 조합의 수가 수백 가지가 나올 수 있어서 어느 조합이 최적인지 결정하기가 매우 까다롭다.

예를 들어 5개의 성분을 이용하여 액제를 제조하는 경우 다음과 같은 조건이 제시될 수 있다.

$$x_1+x_2+x_3+x_4+x_5=1.0 \tag{10.7}$$

$$0.1<x_1<0.15$$

$$0.2<x_2<0.4$$

$$0.3<x_3<0.5$$

$$0.1<x_4<0.2$$

$$0.2<x_5<0.5$$

이런 경우에는 Minitab과 같은 소프트웨어를 사용하여 최적 조합비를 구성할 수 있다.

범위를 화장품으로 확대하면 그 조합의 개수는 거의 무한대까지 확장 가능하다. 화장품에는 기초화장품의 경우 의약품의 주성분이라는 개념은 없으나 피부에 유용한 효능을 보이는 성분을 주성분이라고 할 때 10가지 내외까지 포함될 수 있고 전체 성분의 종류는 적게는 20종 많게는 50종이 될 수도 있다. 또한 화장품에는 천연성분들이 많이 배합되는데 각 천연성분들도 추출법이나 제조방법에서 차이가 날 수도 있다. 적절한 성분이 선정되었다 하더라도 그 배합비를 결정해야 되는데 이것들의 조합은 수백~수천 가지가 쉽게 넘어갈 수 있다. 따라서 한 종류의 화장품에 대해 이 모든 조합의 실험을 모두 수행하는 것은 불가능하다.

화장품은 의약품과 마찬가지로 상업제품이므로 적절한 가격이 존재하고 이에 따라 원가가 산정되어서 한 제품에 대해 무한정 실험을 할 수 없다. 그래서 화장품 제조에는 문헌을 참조하거나 과거의 경험 및 회사의 노하우에 바탕을 두어 많게는 수십 종의 배합비를 정하여 실험을 실시하고 그중 최적의 제품을 시장에 출시한다고 볼 수 있다. 표 10.2는 저자가 친환경 매니큐어 개발을 위해 적용한 혼합물 실험계획법의 자료를 보여준다.

표 10.2 알로에 추출물을 포함하는 매니큐어 제조(김동욱 외, 특허등록 10-1777408호)

	정제수	알로에 추출물	초산에틸	초산부틸	상온유화제 plus-400	아크릴레이트 코폴리머	산화철 (옥사이드/레드)
1	43.884	1.995	1.197	0.978	0.339	0.399	1.330
2	46.453	1.267	0.760	0.507	0.253	0.253	0.507
3	43.194	3.272	1.178	0.785	0.392	0.392	0.785
4	43.651	1.984	1.984	0.794	0.397	0.397	0.794
5	43.884	1.995	1.197	1.330	0.399	0.399	0.798
6	44.118	2.005	1.203	0.802	0.668	0.401	0.802
7	44.118	2.005	1.203	0.802	0.401	0.668	0.802
8	44.001	2.000	1.200	0.800	0.400	0.533	1.067
9	44.001	2.000	1.200	0.800	0.533	0.400	1.067
10	44.118	2.005	1.203	0.802	0.534	0.534	0.802
11	43.884	1.995	1.197	1.064	0.399	0.399	1.064
12	44.001	2.000	1.200	1.067	0.400	0.533	0.800
13	44.001	2.000	1.200	1.067	0.533	0.400	0.800
14	43.767	1.989	1.591	0.796	0.398	0.398	1.061
15	43.884	1.995	1.596	0.798	0.399	0.532	0.798
16	43.884	1.995	1.596	0.798	0.532	0.399	0.798
17	43.767	1.989	1.591	1.061	0.398	0.398	0.796
18	43.536	2.638	1.187	0.792	0.396	0.396	1.055
19	43.651	2.645	1.190	0.794	0.397	0.529	0.794
20	45.651	2.645	1.190	0.794	0.529	0.397	0.794

10.4 역설계

일반적으로 신제품을 개발하는 데는 [제품구상 → 실험 → 최종 설계도 완성 → 제품생산]의 과정을 따른다. 물론 이 과정을 따라 제품을 생산한다고 해서 시장에서 성공적으로 판매된다는 보장은 없다. 역설계(reverse engineering)란 후발기업이나 국가가 선발기업이나 선진국의 제품개발 경로를 따르지 않고 반대의 과정을 거쳐서 기술축척이나 유사한 제품을 개발하는 과정을 말한다. 후발기업의 경우 선발기업보다 기술축척, 연구경험이 떨어지는 경우가 많으며 설사 독자적인 신제품을 개발한다고 해서 선발기업이 관련 제품에서 그동안 쌓은 인지도를 넘기가 상당히 어려운 경우가 대부분이다. 이를 극복하는 방법으로 선발기업의 제품을 분해하여 각각의 구성요소에 대해 연구하고, 그 조립방법을 익히며 거슬러 올라가서 설계기법을 익힌다면 상당한 시행오차를 줄이면서 기술을 축척할 수 있다. 그림 10.6과 같이 자동차를 완전히 분해하여 연구하는 것이 한 예가 된다.

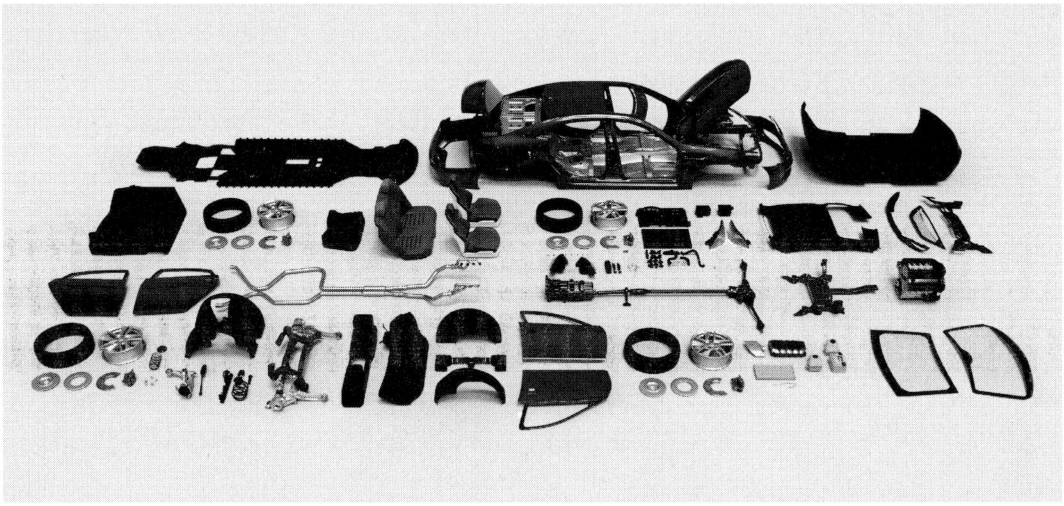

그림 10.6 역설계를 위한 자동차 분해

이와 반대되는 경우로 선발기업은 후발기업이나 타사제품을 분해하여 그 구성을 검토함으로써 자사의 특허침해 여부를 판정하는 방편이 되기도 한다. 현재 각국의 기업들은 타사에 대해 기술이전을 상당히 꺼리는 실정이며 특허침해에 관한 국제소송이 매우 빈번하다. 역설계는 또한 군사 분야에서 자주 발생한다. 군사 분야의 무기들은 특허가 인정되지 않으며 따라서 후발국가가 선발국가나 기업의 무기를 수입한 후 분해 조립을 거듭하여 기술을 습득한 후 유사한 무기를 개발하는 경우가 흔히 일어난다.

의약품 분야에서도 선발기업의 독점특허가 만료되면 후발기업이 특허의 주성분이 공개되므로 이것을 바탕으로 제형을 약간 변경한다든지, 첨가제의 종류를 바꾸어 의약품을 개발할 수 있다. 이것은 개량신약 또는 제네릭 의약품이라 불린다. 그러나 이런 종류의 제품들도 크게 보면 역설계에 해당된다고 말할 수 있다. 또한 제네릭 의약품이 아니더라도 한 선발회사가 특정한 질환에 대해 혁신적 신약을 발매하면 후발회사는 신약의 주성분 화학구조를 참조하여 화학구조가 약간씩 다르지만 효과의 안전성이 개선된 새로운 의약품을 개발할 수 있다. 이것 또한 일종의 역설계에 해당한다.

선발기업이 역설계를 방지하는 수단으로서는 특허출원을 하지 않는 경우가 있다. 이 경우에는 주성분 등이 비공개되어 후발기업이 정보를 얻기가 매우 어렵다. 코카콜라 등이 대표적이며, 최근 자사의 신제품에 대해 특허출원을 하지 않는 경우가 점차 증가하고 있다.

역설계를 방지하는 또 하나의 방법은 조합의 수를 엄청나게 많게 하는 방법이 있다. 화장품의 경우 전성분제도가 실시되어 제품에 포함되어 있는 성분을 함량이 높은 순서부터 차례로 표시하게 되어 있다. 그러나 이렇게 하더라도 역설계가 쉽지 않는데 그 이유는 수십 종의 성분에 대한 배합비가 표시되지 않기 때문에 조합이 무한정하여 제품의 설계도(처방전)를 알아내기가 매우 어렵다. 참고로 코카콜라 회사에서는 제품의 최종 성분 및 배합비는 극비이며 회사에서 몇 명만이 알 수 있다고 한다. 또한 천연성분을 사용하여 화장품을 제조한 경우에는 각 천연물질의 분석이 상당히 까다롭다는 점이 이점으로 작용한다. 예를 들어 인삼추출물의 경우에는 사포닌뿐만 아니라 다른 유효성분들이 동시에 포함되어서 한 성분의 분석만으로도 상당히 어려운 경우가 있다. 그런데 화장품에 천연성분을 10개 정도 동시에 혼합한다면 그 결과 제조된 화장품에 대해 역설계를 시도할 때 각 성분이나 배합비가 누적되어 천연성분을 추측하기가 매우 어렵다.

연습문제

1 의약품 제조공정 시 주성분의 함량을 100 mg, UCL=102 mg, LCL=98 mg으로 관리하고자 한다. 20배치의 생산공정 결과치는 평균값이 99 mg이었고 표준편차는 1 mg이었다. 공정능력지수를 계산하고 관리되는 공정은 얼마나 안정적인지 판단하시오.

2 제약회사에서 회고적 밸리데이션을 실시하였으며 30배치에 대해 조사한 결과 주성분의 함량 평균치($\overline{\overline{x}}$)가 104, 범위평균($\overline{R}$)이 3으로 나타났다. 각 배치에 대해서 3개의 샘플들이 채취되었다. x 관리도와 R 관리도에 대한 조치한계 UCL과 LCL을 구하시오.

3 실험계획법에서 요인결정과 회귀분석방법에 대해 설명하시오.

4 역설계란 무엇인가?

세계 최다판매 의약품 리피토

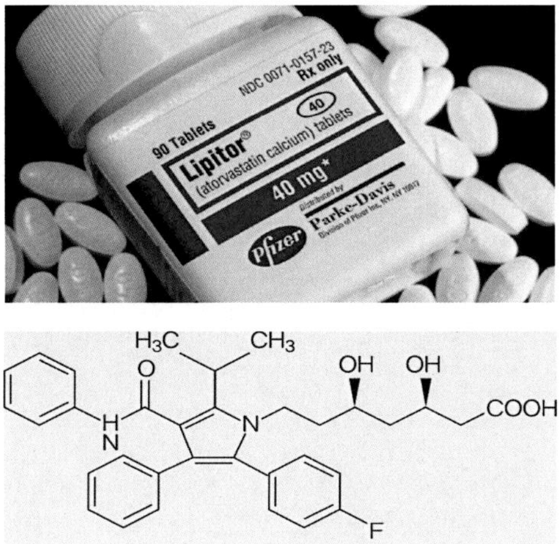

Atorvastatin

고콜레스테롤 치료제로 널리 사용되고 있는 리피토(Lipitor)는 단일 의약품으로 세계 최대의 매출을 올리고 있는 미국 Pfizer 사의 전문의약품이다. 주성분은 Atorvastatin이며, 심장질환과 비정상적으로 높은 혈중 지방수준(고지혈증)을 가진 사람들의 치료에 매우 중요한 의약품이다. 리피토는 2019년까지 전 세계적으로 매출액이 약 1400억 달러(한화 약 170조 원)에 달하여 전무후무한 전 세계적 전문의약품 매출액 1위를 기록하고 있다. 오늘날에도 매년 약 20억 달러(한화 약 2,400억 원)의 꾸준한 매출을 올리고 있다.

Atorvastatin은 1982년 미국 Warner-Lambert 사의 화학연구자인 Bruce Roth에 의해 1982년 합성되었다. 처음에는 미국 Merck 사의 Mevacor와 유사한 의약품으로 개발되었다. 리피토는 콜레스테롤 합성에 관계되는 HMG-CoA 환원효소(reductase)의 경쟁 저해제로서 작용한다. 임상시험에서 리피토는 대조약보다 효과는 높으면서 부작용이 작은 것으로 나타났다. 2000년에 Pfizer사는 902억 달러(한화 약 108조 원)에 Warner-Lambert 사를 인수하였다. 1996 ~ 2012년 동안 전 세계 매출 1250억 달러(한화 약 150조 원)을 기록함으로써 전 세계 모든 의약품 중 최다판매 전문의약품의 위치에 올랐다. 화이자의 특허는 2011년 11월에 종료되었으며 현재 여러 제약회사에서 제네릭 의약품들이 판매되고 있다.

리피토로 인해 전 세계 심장질환 환자들의 건강이 크게 향상되었으며 유사 의약품의 개발이 활발히 이루어지고 있다. 리피토는 신약개발의 성공이 얼마만큼의 부를 창조하는지에 대한 좋은 사례이다. 우리나라 제약회사에서도 리피토와 같은 의약품의 탄생을 기대해 본다.

제 11 장

임상통계

11.1 임상시험의 소개

임상시험은 신약개발의 마지막 단계로서 개발한 시험약을 사람을 대상으로 안전성과 유효성을 입증하기 위해 시험하는 과정이다. 따라서 임상시험은 엄격한 법적 절차에 따라야 하며 그 해석도 절대로 함부로 해서는 안 된다. 11장에서는 임상시험의 대략적인 개요를 설명하고자 한다.

우선 신약개발의 전 과정이 그림 11.1에 나타나 있다. 신약개발과정은 대략적으로 CMC(물질의 물리화학적 특성(Characterization), 제조(Manufacturing), 품질관리(Control))-비임상시험(preclinical)-임상시험계획승인(IND, Investigational New Drug Application)-임상시험(Clinical)-신약심사(화학의약품에 대해서는 NDA(New Drug Application), 생물의약품에 대해서는 BLA(Biologics License Application))-시판 후 감시(PMS, Post marketing survailance)의 단계를 따른다. 비임상시험은 주성분에 대한 독성시험연구와 약리시험(일반약리시험, 흡수·분포·대사·배설(ADME)시험, 안전성 약리시험) 과정을 포함한다. 위의 실험 결과, 안전성과 유효성이 확보된 물질에 대해 임상시험을 수행할 가치가 있다고 판단되면, 자료를 정리하여 식품의약품안전처에 임상시험 계획승인신청(Investigational New Drug Application, IND)을 한다. 임상시험은 관계기관에서 전문가 그룹들이 자료를 검토하여 임상시험을 수행할 만한 가치가 있다고 판단되면 임상시험계획서를 승인한 이후에 수행될 수 있다.

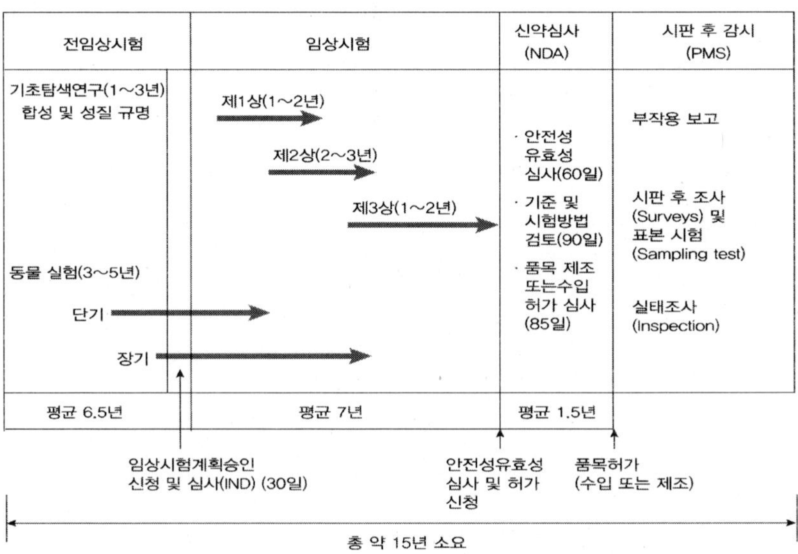

그림 11.1 임상시험 과정

임상시험은 다시 3단계의 과정으로 나뉜다. 첫 단계는 제1상 임상시험(Phase 1)으로 시험약의 안전성과 인체 내에서의 약리자료(약물동태, 약력학 등)를 얻고자 함이 그 목적이다. 따라서 이 시험에서는 대부분 건강한 자원자를 대상으로 임상시험이 수행된다. 제1상 임상시험이 성공적으로 수행되어야 다음 단계인 제2상 임상시험(Phase 2)을 진행할 수 있다. 만약 제1상 임상시험에서 독성(부작용)이 강하게 나타나서 잠재적인 위해성이 잠재적인 이익보다 크다고 판단되면 여기서 임상시험은 중단된다.

제2상 임상시험은 환자를 대상으로 약효를 나타내는 유효성분의 함량을 정하기 위한 시험이다. 즉, 주성분의 함량을 0, 50, 100, 200 mg 등으로 나뉘어 어느 함량이 우수한 약효를 나타냄과 동시에 독성이 적은 지를 결정하기 위한 임상시험이다. 제2상 임상시험은 탐색적 임상시험으로 주성분의 적절한 유효함량을 탐색하는 데 그 목적이 있다. 따라서 제2상 임상시험에서는 비교적 자유로운 통계분석이 가능하다. 다만 제2상 임상시험은 말 그대로 탐색적 시험이므로 얻어진 주성분의 농도를 그대로 확정할 수 없다는 점을 명심해야 한다.

제2상 임상시험이 성공적으로 마무리되면 제2상 임상시험에서 얻어진 주성분의 함량을 포함한 시험약에 대해 제3상 임상시험(Phase 3)을 수행할 수 있다. 제3상 임상시험은 보통 수백~수천 명 정도의 대규모 임상시험으로 다양한 부류의 환자에 대해 임상시험을 수행하여 시험약의 유효성와 안전성을 확인하기 위함이 목적이다. 제3상 임상시험은 확증임상시험으로 임상시험계획서에 따라 매우 엄격히 실시되어야 하며 그 통계분석법 또한 계획서에서 설계된 대로 철저히 통계전문가에 의해 분석되어야 한다. 제3상 임상시험결과 통계적 및 임상적 유의성이 입증되면 전체 결과를 정리하여 식품의약품안전처에 신약승인신청(New Drug Application, NDA)을 한다. 식약처에서는 전문 심사관들과 전문가들이 심사하여 신약시판허가를 내어준다. 만약 신약 승인을 받지 못하면 신약으로 인정받지 못하며 당연히 시중에 판매할 수 없다.

신약개발과정에서는 많아야 수천 명을 대상으로 임상시험을 할 수 밖에 없고 또한 기간이 한정되어 있으므로 임상시험기간만의 자료들로부터는 특이한 이상반응, 또는 만성질환자의 효과와 부작용 등을 자세히 알기는 어렵다. 따라서 식약처에서는 신약을 시판함과 동시에 시판 후 조사(Post Marketing Surveillance, PMS)를 수행하여 시험약의 안전성을 보다 광범위하게 조사할 것을 요구한다. 제4상 임상시험은 품목허가 후에 실시되며, 허가사항의 범위 내에서 별도로 실시되는 임상시험이다.

임상시험은 각 나라마다 그 기준이 다를 경우 한 나라의 시험이 다른 나라에서는 받아들여지지 못하여 다시 시험을 해야 하는 등 여러 문제가 발생할 수 있다. 따라서 각국의 임상전문가들이 모여서 회의한 결과 임상시험의 국제기준(ICH E9 Statistical Principles for Clinical Trial)이 마련되었다. 따라서 임상시험계획서는 위 기준에 따라 작성되어야 한다. 임상시험의 국제기준에 대해서는 관련 교과목이나 서적을 통해 공부할 것을 강력히 추천한다.

임상시험에 사용되는 시험디자인으로는 평형설계와 교차설계가 대부분이다(그림 11.2 참조). 평형설계는 제3상 임상시험인 확증적 임상시험에 자주 이용되는 방법으로 임상시험자를 무작위배정을 통하여 시험군과 대조군(활성대조군 또는 위약군)으로 나누며 임상시험이 종료될 때까지 모두 같은 치료제를 투여하는 임상시험이다. 이 방법은 가장 알기 쉽고 실제 많이 사용되는 방법이지만 윤리적으로 문제가 될 소지가 있다. 환자에게 위약(주성분이 없는 약)을 임상시험기간 동안 복용하게 하여 치료를 고의적으로 못하게 하는 비윤리성이 존재하며 더구나 시중에 관련 질병에 치료에 우수한 의약품이 존재할 경우 더욱더 윤리성에 문제를 일으킬 수 있다. 다만 임상시험의 질환이 경증이고 시험대상자가 완전히 해당 임상시험에 동의할 경우에는 충분히 평형설계로 시험을 실시할 수 있다.

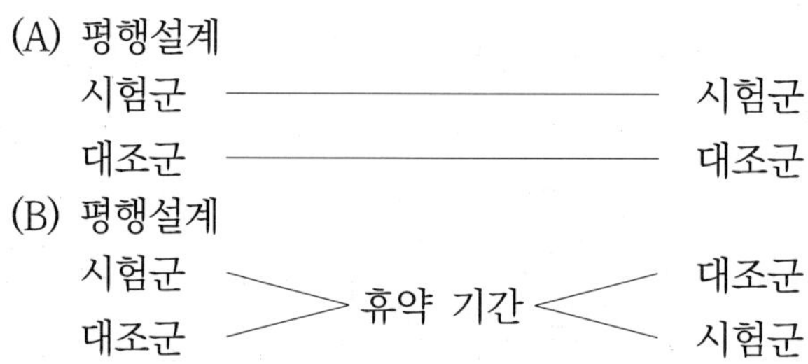

그림 11.2 평행설계와 교차설계

교차설계는 주로 생물학적 동등성시험에서 실시되는 디자인이다. 2×2 교차시험의 예를 들어 설명하고자 한다. 시험대상자를 A, B의 두 그룹으로 나눈 다음 A 그룹에는 시험약을 투여하고, B 그룹에는 대조약을 투여한다. 이후 일정 치료기간이 지나면 휴약기간(washout period, 일반적으로 약물의 반감기의 10배의 기간을 산정한다)을 설정하여 앞서 투여한 의약품이 체내에서 완전히 소실되는 기간을 거친 후 다시 반대로 A 그룹에는 대조약, B 그룹에는 시험약을 투여하는 임상시험 디자인이다. 이 방법은 자신을 대조군으로 사용하므로 개체 간의 변동을 줄이는 효과가 있는 반면, 이전 약의 효과가 오래 잔류될 경우 잔류효과가 발생할 수도 있는 단점이 존재한다.

임상시험은 사전에 작성된 임상시험계획서에 따라 수행되어야 하며, 통계분석 또한 계획서에 명시된 방법으로 시행되어야 한다. 임상시험이 계획서를 철저히 지키면서 수행되어야 신뢰성이 있는 결과를 얻을 수 있고 식약처의 승인을 받을 수 있다. 임상시험은 전체 신약개발 비용의 2/3 이상을 차지하며 잘 관리되어야 하므로 대부분의 제약회사에서는 임상시험 관련 업무를 임상시험 전문기관(Contract Research Organization, CRO)에 위탁하고 있다. CRO 기관에서는 전문 교육을 이수한 임상시험모니터요원(Clinical Research Associate, CRA)을 시험기관에 파견하여 실시하는 임상시험이 GCP 기준에 적합하도록 수행되는지와 근거문서대조를 하여 신뢰성 있는 자료의 확보를 위하여 철저한 모니터링을 수행하도록 한다.

11.2 임상시험 통계의 원칙

임상시험의 진행 중에는 여러 가지 문제가 발생할 수 있다. 그중 일부 시험자는 특정한 이유로 시험을 중도에 그만 둘 경우가 발생한다. 임상시험에서는 본인이 원하면 언제든지 그만 둘 수 있는 것이 대원칙이다. 임상시험을 그만 두는 이유로는 시험약 복용 후 부작용이 발생하여 환자 스스로의 판단으로 그만 두는 경우도 있고(임상 의사에게 진실을 반드시 말해야 하는 의무는 없다) 혹은 집안 사정 등으로 중도에 그만 둘 수도 있다. 그리고 시험대상자가 약 복용을 깜박 잊고 약을 복용하지 않은 경우와 복용하지 않았는데 거짓으로 복용했다고 기록하는 경우도 포함될 수 있다. 이런 현상은 실제 의약품이 시중에 판매될 때 자주 일어날 수 있는 현상으로 특별한 것은 없다.

임상시험에서 ITT(Intention-To-Treat)란 임상시험 스크리닝 이후 무작위 배정된 약을 한번이라도 복용한 대상자를 모두 분석대상으로 하는 것을 말하며 대조적으로 PP(Per Protocol Set)는 임상시험계획서의 중대한 위반을 한 대상자들을 제외한 그룹만을 대상으로 분석하는 것을 말한다.

위에서 언급한 두 종류의 임상시험분석은 나름대로 의학적 의미가 존재한다. ITT 방식으로 분석하면 대상 시험군 중 일부가 임상시험약을 제대로 복용하지 않아서 실제 약효과가 저평가되는 경향이 있다. 그러나 이런 일은 실제 의약품이 시중에 판매될 때 늘 발생하는 일들이다. 따라서 ITT 분석은 시판 후에 발생하는 일들을 포함하는 보다 보수적인 평가라고 이해할 수 있다. 반면 PP 분석은 약효를 보다 엄밀히 관찰할 수 있는 장점이 있지만, 실제 의료현장에서는 모든 환자가 지시대로 정확히 의약품을 복용하지 않으므로 약효가 다소 과장되게 평가되는 단점이 있다. 각 국 정부기관에서는 확증 임상시험에 대해서는 임상시험 시 보수적으로 평가하는 경향이 강하여, 대부분 ITT를 주분석군으로 PP군을 가부분석으로 채택된다.

임상시험의 통계분석은 우월성 검정(superiority test), 동등성 검정(equivalence test), 비열등성 검정(non-inferiority test) 3가지로 분류할 수 있다. 우월성 검정은 신약과 위약(주성분이 없는 약, Placebo)을 비교하여 효과를 확인하는 방법으로 가장 확실한 신약개발 시험법이며 제2상 임상시험에서 가장 널리 사용된다. 동등성 검정은 제네릭 의약품의 개발에 주로 사용되며 개발한 제네릭 의약품이 활성대조약과 동등한 약리효과를 보이고자 하는 시험이다. 흔히 생물학적 동등성시험이라 불리며 제네릭 의약품의 개발에 매우 유용하게 사용된다. 단 활성의약품은 시중에 널리 사용되고 충분한 임상시험 결과가 존재하는 의약품을 선정해야 된다.

비열등성 검정은 다소 복잡한 메커니즘을 가지고 있다. 만약 우월성 검정에서 위약을 사용하는 그룹의 경우에는 윤리적으로 문제가 될 소지가 다소 존재한다. 예를 들어 암과 같이 매우 엄중한 질환의 환자가 신약개발을 위한 임상시험에서 위약군으로 처리되면 아무 약효도 없는 위약을 임상시험기간에 복용해야 하므로 환자의 건강에 치명적인 손실이 올 수 있다. 이런 경우 시중에 약효가 우수한 활성대조약이 존재한다면 더욱 이 임상시험은 윤리적으로 문제가 될 소지가 있다. 따라서 비열등성 임상시험은 개발하고자 하는 시험약과 활성대조약을 비교함으로써 신약의 효과를 입증하고자 하는 시험이다.

임상시험을 통계적 관점에서 분석하면 다음과 같다. 예를 들어 어느 제약회사에서 당뇨병 치료제를 개발한다고 가정해보자. 만약 이 신약이 성공적으로 개발되어 시판되면 전국 또는 전 세계의 당뇨병이 있는 환자들이 복용하게 될 것이다. 따라서 가장 이상적인 방법은 전국 또는 전 세계의 모든 당뇨병 환자들에게 시험약을 복용하게 하고 그 결과를 판단하는 것일 것이다. 그러나 이는 현실적으로 불가능한 일이다. 따라서 이런 경우에는 통계적 방법에 따라 표본을 추출하여 분석하는 것이 현실적이며 그것의 이론적 배경은 2장에서 다루었다. 그러나 임상시험은 표본을 추출하는 방식이 완전히 무작위적(random)이지 않다. 즉 제약회사에서 혹은 임상시험을 실시하는 기관에서 특정 당뇨병 환자의 표본을 골라서 임상시험을 하자고 요구할 수 없는 제한이 있다. 임상시험은 그 시험에 자발적으로 원하는 환자에 대해서만 실시되므로 통계적 관점에서 그 표본의 분석에는 상당한 주의를 기울여야 되며, 특히 마지막 임상시험인 제3상 시험에서는 매우 엄격한 기준이 적용되어야 한다.

임상시험이 성공적으로 수행되기 위해서는 편의(bias)를 최소화하는 절차를 반드시 수행하여야 한다. 편의란 임상시험에서 가장 중요한 사항으로 특정목적이 달성되도록 유리한 조건을 형성하는 행위를 의미한다. 임상시험에서 시험약은 제약회사, 의사 등 상당히 많은 사람들의 이익이 관여되므로 임상시험의 성공판정을 위해 많은 노력이 기울여진다. 이러한 배경으로 인해 편의가 발생하여 실제 약효가 없지만 효과가 있는 것으로 판정날 수 있는 경우가 발생할 수 있다. 따라서 임상시험에서는 편의발생을 최소화하는 장치가 필수적이다.

임상시험에서 편의를 최소화하는 방법으로 이중맹검(double blind) 그리고 무작위배정(randomization)이 존재한다. 이중맹검이란 환자와 의료진, 간호사 기타 임상시험에 관련된 모든 사람들이 특정 환자가 시험약이나 위약의 복용 여부를 알지 못하게 하는 방법이다. 만약 임상시험대상자나 의사, 간호사가 특정 환자가 시험약을 복용하는지 위약을 복용하는지 알게 되면 환자를 대하는 태도가 달라지고. 시험자도 또한 선입견을 가지게 되어 통계적으로 의미 있는 임상시험결과가 나오기 어렵다. 특히 위약의 효과가 큰 것으로 알려진 우울증과 같은 정신과 치료에서 이 부분이 중요하다.

그리고 무작위배정이란, 임상시험 대상자를 분류할 때 난수표 등의 값을 읽어서 그 배정을 편의가 없도록 하는 방법이다. 예를 들면 컴퓨터 난수표를 읽어서 0, 1 등의 수를 발생하여 환자를 시험군, 대조군에 배정하는 방식이다. 무작위배정은 통계학적으로 상당히 중요한 의미를 지닌다. 우선 임상시험에서는 1차 유효성변수(치료효과 변수) 이외에 우리가 미처 인지하지 못했던 변수들이 시험결과에 작용할 수 있다. 예를 들면 고혈압의 임상시험에서 1차 유효성변수를 이완기의 혈압으로 정할 때, 나이, 체중, 성별, 식사량 등 그 외의 변수들이 어느 정도 결과에 영향을 미칠 수 있다. 이런 변화에 대해 임상시험대상자가 무작위배정되면 그 효과가 시험군이나 대조군에 같은 비율로 영향을 미칠 것이다. 따라서 두 군을 비교하는 시험에서 그 효과는 서로 상쇄될 수 있다. 또한 무작위배정은 임상시험의 통계적 가설검정이나 유효범위 추정에서 반드시 요구되는 기본가정이다.

무작위배정에도 단순 무작위배정, 층화 무작위배정 등 몇 가지 종류가 있다(5장 참조). 단순 무작위배정은 시험군과 대조군에 배치되는 임상시험대상자를 컴퓨터난수표 등을 읽어서 무작위로 환자를 분배하는 시스템이다. 이 방법의 단점으로는 시험군과 대조군의 환자수가 차이날 수도 있으며, 또한 우연에 의해 특정그룹의 사람들(예를 들면 나이가 많은 노인층)이 한쪽으로 몰릴 가능성도 존재할 수 있다. 이런 경우에는 통계분석에서 상당한 오류가 발생한다. 층화 무작위배정은 단순 무작위배정의 단점을 보완하기 위해 임상시험대상자를 먼저 층으로 분류한 후 각 층내에서 환자를 무작위 배정하는 방식이다. 예를 들면 고혈압 임상시험에서는 아무래도 나이가 질병의 진행과 상관이 있을 수 있으므로 사전에 고령층, 비고령층으로 구분한 후 각 층내에서 다시 임상시험대상자를 무작위배정하는 방식이다.

기저치 공변량(baseline covariate)이라 함은 앞의 고혈압 임상시험에서 1차 유효성변수를 이완기의 혈압으로 했을 경우 분명히 나이가 혈압에 영향을 미치는 것으로 과거의 여러 임상시험에서 밝혀졌다고 하자. 이런 경우 나이를 기저치 공변량으로 지정하면 고령층 임상시험에서 그 부분을 고려하여 혈압측정치를 수정할 수 있다. 그러나 이때에도 사전에 분명히 임상시험계획서에 나이를 기저치 공변량으로 지정되어야 한다. 그렇지 않고 임상시험 종료 후 분석결과 고령층에서 특히 높은 이완기의 혈압수치가 나온 경우 임의로 기저치 공변량을 나이로 지정하여 통계분석을 실시하면 심각한 임상시험 기준위반이 된다. 그 이유는 통계치를 본 후에 가설검정을 다시 실시하면 얼마든지 통계검정을 원하는 방향으로 조작할 수 있기 때문이다. 다시 한 번 임상시험은 편의가 없이 객관적으로 신뢰할 수 있는 통계처리가 되어야 제대로 된 임상시험이라고 할 수 있다.

임상시험에서 인지해야 하는 또 하나의 기본개념은 통계적 효과와 임상적 효과에 관한 것이다. 예를 들어 다이어트 신약에 대해 임상시험을 실시한다고 가정해 보자. 이 경우 신약이 1 kg의 체중을 줄이는 임상시험을 실시할 경우, 적절한 가설검정 절차에 따라 그 통계적 효과가 입증될 수 있다. 이것이 통계적 효과이다. 반면 체중을 줄이는데 신약이 단지 1 kg만 감소시킨다면 과연 임상적으로 의미가 있는지는 생각해 보아야 한다. 잠깐 식사를 줄이거나 격렬한 운동을 할 경우 이 정도 체중은 줄일 수 있을 것이다. 즉 임상적 효과는 과연 이 신약이 약으로서의 가치가 있냐는 것을 의사 등 전문가들이 판단하는 것이다. 임상적 효과는 질병마다 또는 의사마다 다를 수 있다. 따라서 신약개발에는 통계적 유의성과 임상적 유의성 모두가 충족되어야 한다는 점을 명심해야 한다.

임상시험의 가설검정에 대한 통계적 오류에 대해 논의하는 것은 매우 중요하다. 앞의 6장에서 가설검정과 제1종 오류 및 제2종 오류에 대해 공부하였다. 이를 다시 한 번 복습하면 제1종 오류(α)란 약효가 실제로 없지만 통계적 오류에 의하여 약효가 있다고 검정되는 경우이다. 제2종 오류(β)는 제1종 오류와는 반대되는 경우로서 실제로 약효는 있지만 통계검정의 오류로 인하여 약효가 없는 것으로 결정되는 경우이며, 검정력($1-\beta$)은 실제로도 약효가 있는 의약품이 통계적으로도 유의하게 검정되는 확률을 의미한다. 일반적으로 임상시험에서는 제1종 오류를 0.05(양측검정)로 정하며, 제2종 오류는 0.2, 검정력은 0.8로 정한다. 얼핏 생각하기에는 제1종 오류를 0에 가깝게 정하고 검정력을 1에 가깝게 하는 것이 좋은 것으로 보일 수 있다. 그런데 제1종 오류를 줄이면 신약개발물질의 가설검정 대립가설 설정치가 증가하여 신약 승인이 더욱 어려워진다. 반면 제2종 오류를 줄이고자 임상시험 대상자 수를 크게 늘리는 것은 가능하나 이렇게 되면 제약회사의 임상시험 비용증가를 초래한다.

임상시험은 종료되어 통계적 및 임상적 유의성이 입증된 경우에만 식품의약품안전처에 신약시판승인신청을 하게 된다. 즉 통계적으로 유의하지 않은 결과는 신약시판 승인신청 자체가 되지 않는다. 따라서 식품의약품안전처에는 오로지 통계적으로 유의한 결과만이 제출되므로 이 경우에는 진정으로 신약이 효과가 있는 경우와 제1종 오류를 범하여 실제는 약효가 없는데 통계적 오류가 발생하여 약효가 있는 것으로 검정된 결과의 두 종류만이 존재한다. 따라서 신약개발의 허가권을 가진 식약처의 입장에는 제1종 오류를 최소화하는 것이 가장 중요하다. 만약 제1종 오류가 있는 상태로 신약이 허가되어 시중에 팔리면 약효가 없는 의약품이 환자들에게 처방되는 결과를 낳기 때문이다. 따라서 신약개발의 임상시험에서는 제1종 오류를 0.05 이하로 유지하는 것이 가장 중요한 일이다.

반면 제약회사 입장에서는 엄청난 비용을 들여서 임상시험을 실시하므로 검정력을 최대한 높이고자 할 것이다. 즉 약효가 실제로 존재한다면 제1종 오류를 0.05 이하로 유지하면서 검정력이 가장 높은 방식으로 통계처리가 되기를 원한다. 이를 이유로 임상시험에서는 다양한 통계기법들이 사용되고 있다.

다음으로 임상시험의 유효성변수에 대해 잠깐 소개하고자 한다. 통계란 기본적으로 숫자를 이용하여 검정을 하며 환자들을 대상으로 임상시험을 하여 그 질환의 치료에 가장 의미가 있는 여러 값들, 예를 들면 혈압, 질병의 진행정도, 암세포의 크기 등의 수치 값들을 얻는다. 대부분의 경우 가장 임상시험의 진행정도를 잘 나타내는 수치 1종을 1차 유효성평가변수로 선정한다. 임상시험의 통계적 가설검정은 이 1차 유효성평가변수만으로 판단되므로 신중히 선정하여 임상시험계획서를 작성하여야 한다. 그 외에 2차 유효성평가변수가 있는데 이는 보조적인 자료로서 참고사항이지 통계적 임상시험의 판단기준이 되지는 않는다. 따라서 임상시험에서 1차 유효성평가변수의 선정은 매우 중요하며 여러 관계문헌을 참조하고 전문의사의 조언을 받아 신중히 선정되어야 한다.

또한 임상시험의 자료 성격으로도 구분할 수 있다. 연속형 변수는 그 값들이 숫자로 연속적으로 나오는 수치를 말하며 100 mmHg 등의 값이 될 수 있다. 반면에 범주화된 변수는 성공, 실패 등으로 이분화하여 범주화되는 자료들을 의미한다.

11.3 우월성 검정

우월성 검정(Superiority Test)이란 시험약과 위약을 사용하여 시험약의 효과를 보이고자 하는 임상시험이다. 위약이란 시험약과 모양, 외관 등이 모두 같고 단지 주성분만이 존재하지 않도록 제조한 약을 말하며, 우월성 검정이 통계학적으로 의미를 갖기 위해서는 편의를 최소화 하도록 설계되어야 해서 위약의 사용을 특별한 경우를 제외하고 적극 권장한다.

우월성 검정에서 사용되는 가설은 다음과 같다.

$$\begin{aligned}&\text{귀무가설 } H_0:\ \mu_{\mathrm{T}}=\mu_{\mathrm{C}}\\&\text{대립가설 } H_1:\ \mu_{\mathrm{T}}\neq\mu_{\mathrm{C}}\\&(\mu_{\mathrm{T}}\text{: 시험약},\ \ \mu_{\mathrm{C}}\text{: 위약})\end{aligned} \tag{11.1}$$

임상시험은 대립가설을 입증하기 위해 실시되며, 이를 위해서는 적절한 통계변수를 사용하여 귀무가설을 기각하여야 한다. 기각역 설정을 위한 기준은 특별한 경우를 제외하고는 모두 제1종 오류 $\alpha=0.05$를 충족하도록 설정되며 양측검정이 사용된다. 이 경우 $p<0.025$가 적용된다. 이를 정규분포 함수 z로 표시하면 $z>+1.96$, $z<-1.96$의 범위를 충족하여야 한다. 특히 3상 임상시험에서는 제1종 오류를 최소화해야 하므로 위 범위를 반드시 지켜야 한다. 그러나 2상 임상시험인 탐색적 임상시험에서는 연구가 시험약의 약효 가능성을 조사하는 것이 목적이므로 단측검정도 허용되며 이 경우 기각역은 좀 더 완화되어 $z>+1.645$까지 허용된다($p<0.05$). 그러나 위의 단측검정은 그야말로 탐색적 조건이며 최종 의약품을 허가 받기 위해서는 반드시 3상 확증적 임상시험이 이후에 실시되어야 한다. 미국 FDA나 유럽의 EMA에서는 신약의 허가를 보다 엄격히 하기 위해 3상 임상시험에서 우월성 검정시 서로 다른 지역에서 별도로 2회 수행을 하여 2번 모두 우월성이 보여질 때 시험약의 시판을 승인하고 있다. 한국에서는 아직 이러한 제도가 도입되고 있지는 않고 있다.

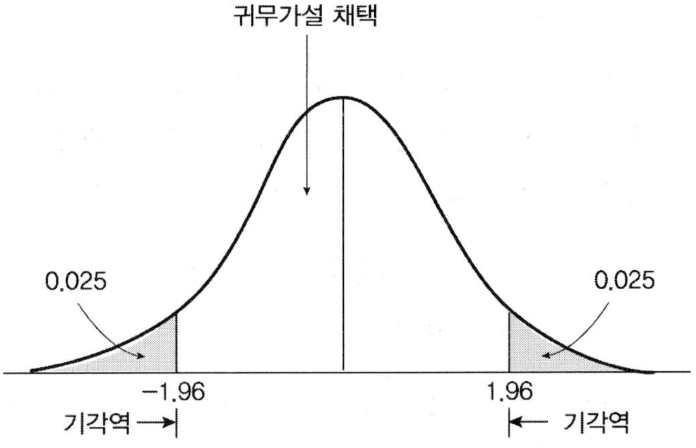

그림 11.3 우월성 검정 기각역

현실적으로 우월성 검정에서 가장 많이 사용되는 가설검정은 7.3절에서 논의한 이표본 t 검정(Welch t test)이다. 이표본 t 검정에서 표본크기, 즉 각 조건의 임상시험 대상자수를 계산하는 공식은 다음과 같다.

$$n=(z_{\alpha/2}+z_{\beta})^2\ 2\sigma^2\ /\varDelta^2 \tag{11.2}$$

α: 제1종 오류, 0.05

β: 제2종 오류, 많은 경우 0.2

$z_{\alpha/2}$: $\alpha=0.05$에서 1.96

z_{β}: $\beta=0.2$에서 0.84

σ: 모집단의 표준편차

$\varDelta$: 시험약의 약효크기

임상시험에서 중도탈락율을 γ라고 하면 최종적으로 필요한 각군의 시험자수는 다음과 같다.

$$n'=n/(1-\gamma) \tag{11.3}$$

예제 11.1

당뇨병에 대한 우월성 임상시험을 실시하고자 한다. 통계가설검정은 이표본 t검정으로 하며, 제1종 오류를 0.05, 검정력을 0.8로 하고 표준편차가 5, 약효크기가 2이며, 중도탈락율이 10%일 때 총 임상시험자수는 얼마가 되어야 하는가?

$$n=(1.96+0.84)^2\times2\times25/4=98$$
$$n'=98/0.9=108.8$$

임상시험에서는 소수점은 정수에서 무조건 +1의 값을 취하므로 각 군당 109인의 대상자가 필요하다. 전체가 2군이므로 총 임상시험자는 218명이 필요하다.

11.4 비열등성 검정

11.3절에서 논의한 우월성 검정에는 심각한 질환인 경우 윤리적 문제가 존재할 수 있다. 즉, 시중에 표준 치료제가 나와 있는 경우, 임상시험 시 무작위배정에 의해 위약으로 분배된 그룹에서는 위약, 즉 약효가 없는 물질을 복용해야 하는 문제점이 존재한다. 이것은 생명존중이라는 의학의 기본 원칙에서 볼 때 상당한 문제점을 야기한다. 그러면 이런 경우 어떻게 임상시험을 실시해야 될까? 그런 조건에서 나온 것이 비열등성 검정(Non-inferiority test)이다. 즉, 비열등성 검정에서는 시험약과 활성대조약(시중에서 팔리는 대표적 의약품)을 비교 평가하여 신약으로서의 효능을 검정한다.

비열등성 검정을 완전히 이해하기 위해서는 임상시험의 근본적인 의미를 파악하고 있어야 한다. 즉 신약으로 판정받기 위한 원칙은 앞 장에서 논의한 우월성 검정으로, 시험약이 위약보다 효과가 있음을 보여야 통계적 가설검정을 통과한 것으로 인정된다. 그러나 비열등성 시험에서는 위약을 사용할 수 없음으로 그 대신 활성대조약이 대조군으로 사용된다. 그러니까 시험약이 활성대조약보다 비열등성(나쁘지 않음. 같거나 더 우수함)을 보이면 시험약은 효과가 있는 것으로 인정된다. 그러나 비열등성 시험에는 많은 주의와 가정이 요구된다. 그 이유는 다음과 같다.

우선 원칙적으로 비열등성 시험에서도 시험약과 가상의 위약이 시험대상이다. 그러나 임상시험에서 위약을 사용할 수 없음으로 인해 2단계의 과정을 거쳐 통계적 검정이 실시된다. 우선 대조약의 선정이 중요한데 이것은 특정질환에 대해 시중에 팔리는 대표적인 의약품으로 선정하는 것이 원칙이다. 그 이유는 이 경우 활성대조약에 대한 충분한 임상시험 자료가 존재하기 때문이다. 따라서 이 약을 활성대조약으로 정하면 이 활성대조약은 이미 위약에 비해 효과가 증명된 약이라 할 수 있겠다. 그리고 현 비열등임상시험에서 시험약이 활성대조약에 대해 비열등임을 통계적 검정으로 보이면 신약으로 판정될 수 있다. 따라서 비열등성 임상시험에서는 활성대조약의 선정이 매우 중요하다. 만약 특정 질환에서 활성대조약이 존재하지 않거나, 활성대조약이 그 효과가 불안정한 경우에는 비열등성 검정을 통해 의미 있는 결과를 얻기 어렵다.

비열등성 검정은 우월성 검정에 비해 통계적 기각역에서도 오류를 범할 여지가 크다. 우월성 검정은 양측검정일 경우 $p<0.025$, 즉 상위 2.5%보다 작아야 귀무가설을 기각하고 대립가설을 채택할 수 있다. 반면 비열등성 검정은 하위 2.5%보다 크면, 즉 상위 97.5%에 들면 대립가설을 채택하게 된다. 따라서 임상시험이 잘 관리되지 않으면 너무 쉽게 대립가설이 채택될 수 있고 이는 제1종 오류, 즉 실제로 약효가 없는 데도 불구하고, 약효가 있게 판정되어 시중에 약이 팔릴 가능성이 높다. 따라서 신약개발 선진국에서는 원칙적으로 우월성 검정의 결과를 요구한다.

비열등성 검정의 가설은 다음과 같다.

귀무가설: $\mu_T \le \mu_C - M$

대립가설: $\mu_T > \mu_C - M$

μ_T: 시험약

μ_C: 활성대조약

M: 비열등성 마진

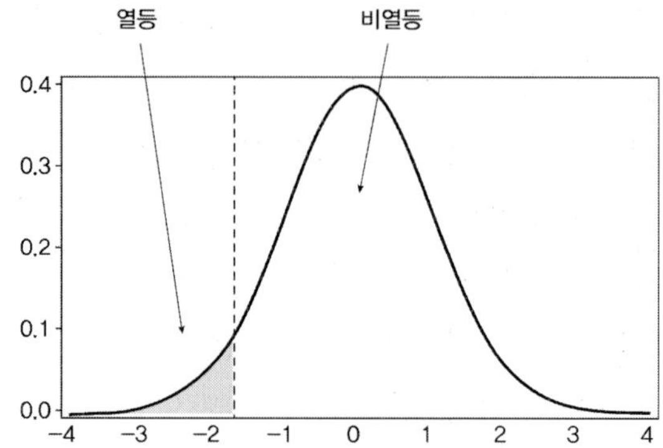

그림 11.4 비열등성 검정

이 비열등성 검정에서 비열등성 마진 M을 정하는 것이 매우 중요하다. 이것은 임상의사와 관련 전문가들의 의견을 종합하여 결정되어야 하며 임상시험 전 임상시험계획서에 분명히 명시되어야 한다. M을 설명하기 위해 진통제의 예를 들어보자. 시중에 가장 잘 팔리는 활성대조약을 100%로 했을 때 그 약과 비슷한 약효의 범위가 어디까지인가를 정하고자 한다. 어떤 의사는 90% 이상은 되어야 그 약과 비슷한 효과를 보인다고 말할 수 있고, 다른 사람은 본인의 임상경험으로 볼 때 85% 정도면 충분하다고 말할 수도 있다. 이것은 의사마다 다를 수 있고 국가나 문화에 따라 달라질 수도 있다. 따라서 비열등성 임상시험에서 M 값을 정하는 데 매우 신중해야 하며 관계 문헌이나 과거의 임상시험자료 등을 충분히 검토하여 결정하여야 한다.

그러나 비열등성 검정은 장점도 가지고 있다. 우월성 검정에서는 통계적 검정만 실시하여 통계적으로는 그 효과가 위약에 비해 검정되었다. 그러나 임상적 효과에 대해서는 검정이 되지 않는다. 예를 들어 진통제의 경우 위약이 20%의 진통효과를 보여주었다면 시험약이 30% 정도의 진통효과를 나타내어도 그것은 분명히 통계적으로 차이가 나서 가설검정 시 대립가설을 채택할 수 있다. 그러나 시중에 80% 정도의 진통효과를 보이는 의약품이 있을 경우 이 시험약은 의학적으로 의미를 가지기 어렵다. 그러나 비열등성 검정에서는 비열등성 마진을 정함으로써 예를 들어 $M=20\%$로 하고, 80%의 진통효과를 보이는 약을 활성대조군으로 채택할 경우 최소 60%의 진통효과는 보여야 대립가설을 채택할 수 있다. 즉 비열등성 검정에서는 통계적 검정과 임상적 검정을 한꺼번에 할 수 있다는 장점이 있다. 그러나 앞에서도 언급한 것처럼, 임상시험에서 관리가 철저하지 못하면 너무 쉽게 제1종 오류를 범할 가능성이 높으므로 대단히 조심해야 되며, 신약개발의 제3상 임상시험에서는 우월성 검정이 원칙이라는 점을 다시 한 번 강조한다.

11.5 생물학적 동등성시험

생물학적 동등성시험은 주로 시험약(제네릭 의약품)과 활성대조약이 동등한 약효를 가진다는 것을 검정할 목적으로 수행되는 임상시험이다. 제네릭 의약품은 활성대조약과 주성분의 함량이 동일한 의약품을 말하며 오리지널 의약품과는 다른 제약회사에서 다른 제품명으로 판매되고 있다. 오리지널 의약품은 특허만료 시까지 독점적으로 판매할 수 있으므로 고가의 약값을 책정하여 연구개발비 등을 회수하게 된다. 그러나 오리지널 의약품이 계속 독점적으로 팔리게 되면 비싼 약값으로 인해, 특정 질병으로 고통 받는 환자나 의료보험회사, 나아가 의료비를 상당히 부담하는 정부에서는 금전적으로 큰 손실이 발생할 수 있다. 따라서 대부분의 국가에서는 특허기간 내의 범위에서 오리지널 의약품의 독점판매를 허가하고, 특허기간이 만료되면(통상 특허 출원 후 20년) 다른 제약회사에서 주성분과 그 함량이 동일한 제네릭 의약품의 판매를 허용하고 있다. 더 나아가 일부 국가와 보험회사에서는 의료비 절감을 위하여 의료기관에 대해 제네릭 의약품의 사용을 권장하고 있는 실정이다. 제네릭 의약품 개발에서 가장 중요한 점은 그 의약품이 오리지널 의약품과 약효가 동일하다는 점을 보이는 것이다. 이것을 위해 실시하는 임상시험이 생물학적 동등성시험이다. 그리고 모든 제네릭 의약품이 생물학적 동등성시험을 실시하는 것은 아니며 시럽제, 경구용액제 등은 제외되고, 주로 정제, 캡슐제 등에 한해서 생물학적 동등성시험이 실시된다.

활성대조약은 이미 위약과의 우월성 검정을 통하여 약효가 있다는 것이 증명된 상태이므로 제네릭 의약품은 활성대조약과 약효가 동일하다는 점만 보이면 된다. 여기에서도 동일하다는 범위의 설정이 애매할 수 있다. 의약품의 약효는 환자마다 또는 인종별, 국가별 차이가 발생할 수 있어서 정확히 수치로 표현하기는 어려운 점이 있다. 예를 들어 오리지널 의약품의 약효를 100%로 할 때 어떤 의사는 80%, 다른 전문가는 90% 등 범위에서는 동등하다고 판단할 수 있다. 오리지널 의약품의 약효를 100%로 했을 때 제네릭 의약품 효능 차이를 동등성 마진(Δ)이라 한다. 생물학적 동등성시험에서 이 마진의 선정이 매우 중요하며, 제네릭과 활성대조약의 효능 차와 비율이 모두 사용 가능하다.

동등성 마진이 두 시험군의 차로 표현될 때 가설검정은 다음과 같다:

$$\text{귀무가설 } H_o: |\ \mu_T - \mu_C\ | \geq \Delta$$

$$\text{대립가설 } H_1: |\ \mu_T - \mu_C\ | < \Delta$$

μ_T: 시험약(제네릭)의 효과

μ_C: 오리지널(활성대조약)의 효과

Δ: 동등성 마진

생물학적 동등성시험에서 동등성 마진 Δ를 선정하는 것이 가장 중요하다. 동등성 마진은 오리지널 의약품의 임상자료를 바탕으로 관계전문가들이 신중하게 결정하여야 한다. 국제기관에서는 동등성 마진의 결정에 비열등성 시험의 마진 M의 선정방식을 참고하기를 권유하고 있다.

동등성 마진을 비율로 결정하는 경우는 합성의약품의 생물학적 동등성시험이 대표적이다. 우리나라의 경우 동등성 비율마진을 대략 오리지널 대비 20% 정도로 잡는다. 즉 오리지널이 100%의 효과가 있을 경우, 제네릭 의약품이 80~120%의 효과가 있으면 동등하다고 인정한다. 보다 정확한 계산에는 다소 복잡한 문제들이 포함되어진다. 이런 식으로 제네릭 의약품에 대해 시판허가하고 그 효과를 조사해보니 대충 올바른 판단인 것으로 나타났다. 그래서 현재에도 이 동등성 마진은 약 20% 정도로 잡는다. 즉, 이 수치는 엄밀한 과학적 임상 자료에 근거하고 있지는 않다.

현재 한국의 생물학적 동등성시험의 기준은 다음과 같이 설정되어 있다. 식품의약품안전청 고시 의약품동등성시험기준(제2019-141호) 제14조 2항은 다음과 같다: ② 원칙적으로 주성분 또는 활성대사체의 혈중농도를 측정하여 생체이용률을 산출하는 생체 내 시험으로 실시한다. 시험대상을 무작위 배열한 후, 2×2 교차시험으로 공복상태에서 시험약과 대조약을 동일 투약일에 1회 투약함을 원칙으로 하고, 제15조 제2항 제4호에 따른 휴약기간을 둔다. 다만, 요중 배설량 측정시험 또는 다른 시험디자인(예, 투여일이 상이한 경우 등)의 경우에는 시험의 타당성 있는 근거를 제시하여야 한다.

그리고 제17조 평가는 다음의 방식으로 실시된다: ② 비교평가항목은 검체가 혈액인 경우, 1회 투약 시 AUC_t, $C_{\max}$, 반복투약 시 AUC_τ, $C_{ss,\max}$로 한다. ③ $T_{\max}$를 제외한 대조약과 시험약의 비교평가항목치를 로그변환하여 통계처리하였을 때, 로그변환한 평균치 차의 90% 신뢰구간이 log 0.8에서 log 1.25 이내여야 한다.

2×2 교차설계는 앞 절에서 자세히 설명하였다. 생물학적 동등성시험에서는 비교평가항목으로 AUC와 $C_{\max}$가 사용된다. AUC(Area Under Curve)는 시험약이나 대조약을 복용한 후 환자의 혈액을 채취하여 주성분의 혈중농도를 그렸을 때 그래프 아래의 전체면적을 의미한다. 그리고 $C_{\max}$는 주성분의 혈중농도가 최대치가 되는 농도를 뜻하며 $T_{\max}$는 그때의 시간을 의미한다(그림 11.5, 11.6 참조).

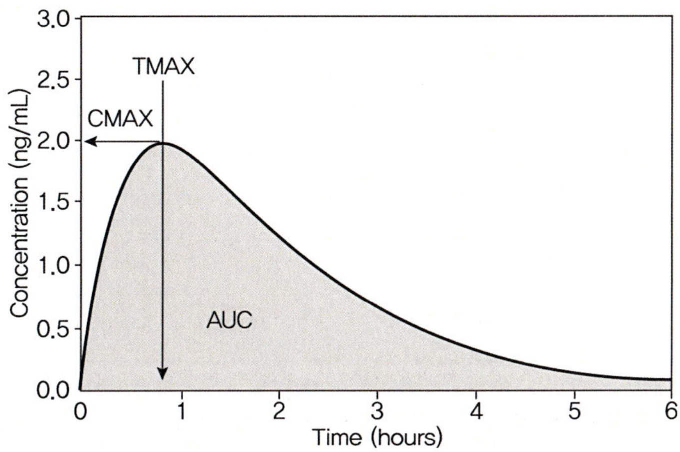

그림 11.5 생물학적 동등성시험에서 AUC, $C_{\max}$, $T_{\max}$

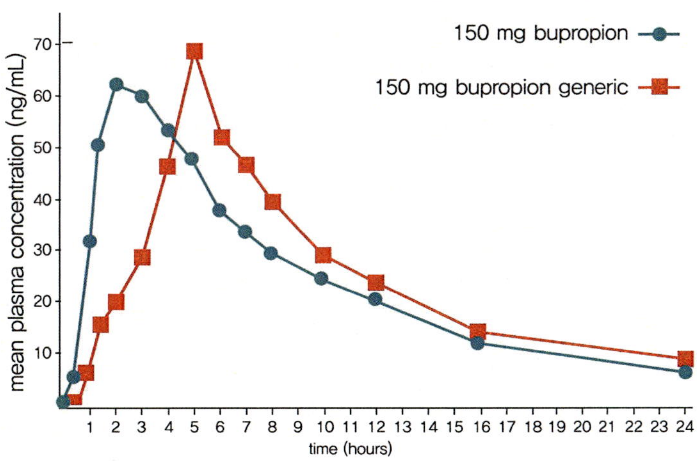

그림 11.6 생물학적 동등성시험 예

그리고 우리나라의 생물학적 동등성시험에서는 90% 신뢰구간을 사용하고 있다는 점을 주목하여야 한다. 신뢰구간에 대한 보다 자세한 내용은 6장과 7장에서 다루었다. 앞의 생물학적 동등성시험 판정기준에서 log 0.8=−0.2231, log 1.25=+0.2231이다. 이 기준을 다시 표현하면 다음과 같다.

$$-0.2231 < 90\%\ \text{신뢰구간}(AUC,\ C_{\max}) < +0.2231 \qquad (11.4)$$

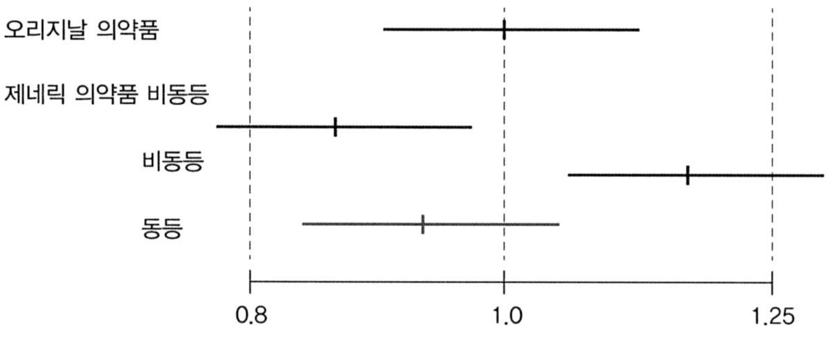

그림 11.7 생물학적 동등성 범위

90% 신뢰구간(AUC, $C_{\max}$)은 다음과 같이 계산된다(이영주 외, 약학회지 44권 4호, 308-314, 2000).

$$\ln\left(\frac{\mu_T}{\mu_R}\right)_{\text{lower, upper}} = (\overline{X_T} - \overline{X_R}) \pm t_{(0.05,\, n1+n2-2)} \times \sqrt{MS_R} \times \sqrt{\frac{1}{n}} \qquad (11.5)$$

ln: e를 바탕으로 한 자연로그

μ_T: 시험약의 평균

μ_R: 대조약의 평균

X_T: 시험약의 기하평균

X_R: 대조약의 기하평균

t: t 함수

n_1: 1군의 임상시험자 수

n_2: 2군의 임상시험자 수

MS_R: 분산분석의 잔차 평균제곱

T(Test)가 시험약, R(Reference)이 대조약이며, ln은 e를 바탕으로한 자연로그이다. 기하평균은 a_1, a_2, a_3, ⋯, a_n의 n개 자료가 있다면 $(a_1 \times a_2 \times \cdots\ a_n)^{1/n}$로 계산된다. $t_{0.05, n1+n2-2}$의 의미는 90% 신뢰구간을 적용하므로 유의도 수준 $\alpha=0.05$이고 자유도가 n_1+n_2-2라는 의미이다(7장 참조). 이 값은 t 표로부터 구한다. MS_R은 다음의 식을 이용하여 계산한다(8장 참조). $MS_R=MS_b=SS_b/df_b=\{\Sigma T^2/n-G^2/N\}/(k-1)$. 전체적으로 식 (11.5)는 다음과 같이 식 (7.4)의 형태를 띠고 있다.

$$\mu=\bar{x}\pm t\frac{s}{\sqrt{n}} \tag{7.4}$$

예를 들어 $X_T=3.07$, $X_R=3.067$, $n_1=9$, $n_2=9$, $MS_R=0.0162$의 임상시험 자료가 있다고 하자. t 표로부터 $t_{0.05,16}=1.746$이 되며 $n=9$이다. 따라서

$$-0.0711\leq \ln(\mu_T/\mu_R)\leq 0.0771$$

이 되므로 기준인 $-0.2231<90\%$ 신뢰구간$(AUC,\ C_{max})<+0.2231$을 충족하므로 생물학적 동등성 기준을 충족한다(그림 11.3 참조). 자료를 좀 더 분석하면

$$e^{-0.0711}\leq \mu_T/\mu_R\leq e^{0.0771}$$
$$0.9314\leq \mu_T/\mu_R\leq 1.080$$

이고, 이 자료를 %로 환산하면 다음과 같다.

$$93.14\%\leq \mu_T/\mu_R\leq 108.0\%$$

시험약 평균의 90% 신뢰구간이 대조약의 80%~125%에 있어야 된다는 조건을 충족한다.

예제 11.2

시험약 T를 대조약 R과 비교하는 생물학적 동등성시험(AUC)을 실시한 결과 다음의 자료들을 얻었다. 시험약은 생물학적 동등성 기준을 충족하는가? $X_T=4.02$, $X_R=3.53$, $n_1=14$, $n_2=14$, $MS_R=0.025$

$$t_{0.05,26}=1.706$$

$$\ln(\mu_T/\mu_R)=(4.02-3.53)\pm1.706\times\sqrt{0.025}\times\sqrt{(1/14)}=0.49\pm0.0721$$

$$0.418\leq\ln(\mu_T/\mu_R)\leq0.562$$

위 자료는 기준인 $-0.2231<90\%$ 신뢰구간$(AUC,\ C_{max})<+0.2231$을 충족하지 못하므로 동등성 기준을 충족하지 못하였다.

11.6 메타분석

메타분석(meta analysis)이란 같은 주제로 수행된 여러 연구로부터 얻어진 결과들을 계량적으로 분석하는 통합적 접근방법이다. 메타분석은 1979년 영국의 의사 Archie Cochrane이 의료 분야에서 서로 다른 결과들이 발생함에 따라 이들을 종합하여 통합적인 결과를 내는 것이 필요하다고 주장한 것에서부터 시작된다. 의학적 연구결과들은 환자집단의 다양성, 의학기술의 발전, 의사의 판단기준, 통계처리 등에 따라 상당히 다른 결과가 나올 수 있다.

메타분석은 여러 집단의 연구결과만을 이용하여 과학적, 체계적으로 분석하는 방법이므로 제대로 시행하면 모집단을 보다 더 정확하게 추정할 수 있고, 다중 결과를 분석, 평가하며 오류와 왜곡을 최소화하는 장점이 있다. 메타분석은 연구주제의 선정, 관련문헌의 체계적 검색, 데이터 추출 및 코딩, 데이터 분석과 결과보고서 작성의 5단계를 거친다. 본 장에서는 메타분석의 여러 형태 중 가장 간단한 forest plot의 예를 들어 메타분석의 기초를 설명하고자 한다.

forest plot이란 개별연구의 효과크기, 통계적 유의성(95% 신뢰구간)과 가중치가 제시되며, 이들을 종합한 전체 평균효과크기와 통계적 유의성이 포함된 자료를 말한다. 그림 11.8의 예를 들어 설명하면 각 개별연구에서 평균(■), 신뢰도구간(—■—) 및 가중치가 표시되어 있다. 신뢰도구간이 작을수록 가중치는 반비례하여 커지며 중심을 나타내는 사각형도 커진다(■, ■). 전체 평균효과크기는 제일 아래의 다이아몬드 모양(◇)으로 표시되며 그 가운데가 평균값(M)이고 보통 점선으로 개별연구와 비교되어 있다. 즉 이 다이아몬드가 우리가 관련 문헌연구로부터 추정한 신뢰구간이 된다. 그림 11.8에서 OR은 교차비(Odds Ratio)를 의미하며 한 그룹에서 동일한 사례가 발생할 확률을 다른 그룹에서 발생할 확률과 비교한 값을 뜻한다.

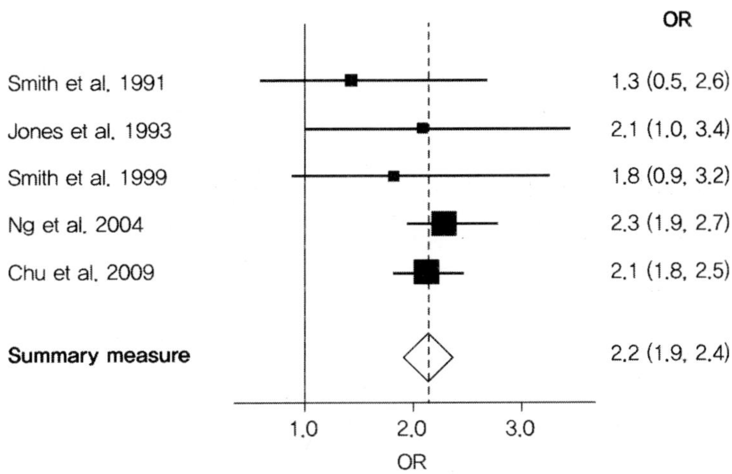

그림 11.8 메타분석의 forest plot

즉, 1을 기준으로 오른쪽으로 다이아몬드가 있으면 그것은 그만큼의 효과를 의미한다. Forest plot 분석에서 I^2이 25% 정도면 각 개별연구는 작은 크기의 이질성, 50%면 중간크기, 75%면 큰 크기의 이질성을 갖는다고 평가한다.

연습문제

1 고혈압에 대한 우위성 임상시험을 실시하고자 한다. 통계가설검정은 이표본 t 검정으로 하며, 제1종 오류를 0.05, 제2종 오류를 0.2로 하고 표준편차가 7, 약효크기가 3이며, 중도탈락율이 15%일 때 총 임상시험자수는 얼마가 되어야 하는가?

2 시험약 T를 대조약 R과 비교하는 생물학적 동등성시험(C_{max})을 실시한 결과 다음의 자료들을 얻었다. 시험약은 생물학적 동등성 기준을 충족하는가? $X_T=2.24$, $X_R=2.38$, $n_i=10$, $n_2=10$, $MS_R=0.018$

가장 유명한 의학 학술지
New England Journal of Medicine(NEJM)

현재 전 세계의 의료인들 사이에 가장 높게 평가되고 권위를 인정받는 학술지는 미국 메사추세츠 의학협회(Massachusetts Medical Society)에서 발간하는 New England Journal of Medicine이다. 1812년 이래 현재까지 계속 논문들이 발표되고 있어서 200년이 넘는 역사를 자랑하며 지금은 매주 발행되고 있다. 전문학술지의 평판도는 주로 impact factor로서 평가되는데 이 학술지는 2018년 70.67이라는 엄청난 점수를 기록하여 전 세계 전문학술지 중 압도적으로 1위를 기록하고 있다. 참고로 역시 대단히 유명한 학술지인 Nature가 43.07, Science가 41.063, 유명 의학잡지 The Lancet이 59.102인 것과 비교하면 이 학술지가 얼마나 대단하며 많은 연구자들이 참조하는지 알 수 있다.

NEJM에 출판된 유명 논문을 간추려 보면 다음과 같다. 1846년 Henry J. Bigelow에 의한 마취제 연구, 1981년 Michael S. Gottlieb 등에 의한 AIDS 질환 최초보고 논문, 2001년 Brian J. Druker 등에 의한 특정 암세포 타겟 항암제 연구 등을 들 수 있다.

NEJM은 출판된 지 6개월 이상된 논문에 한하여 무료 온라인 접근을 허용하고 있어서 일반인들도 최신 의학정보에 쉽게 접근할 수 있다. 더구나 위 학술지는 각 논문 첫 페이지에 1장으로 된 초록(Abstract) 형식을 유지하여 대략적인 내용을 빠르게 전달하는 특징이 있다.

부록

1. 표준정규분포표
2. 난수표 예시
3. t 분포표
4. F 분포표
5. Tukey q 분포표
6. χ^2 분포표
7. Mann-Whitney U 분포표
8. Wilcoxon T 분포표
9. Friedman 분포표

1 표준정규분포표

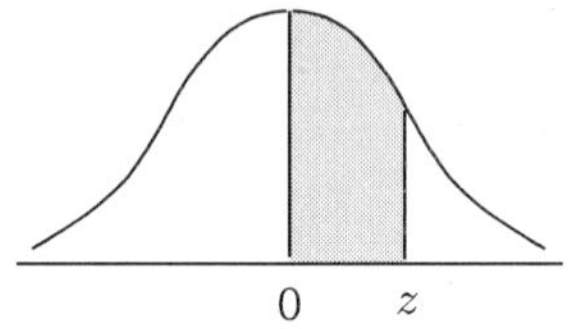

(A) $z : 0 \sim z$

z	.00	.01	.02	.03	.04	.05	.06	.07	.08	.09
0.0	0.0000	0.0040	0.0080	0.0120	0.0160	0.0199	0.0239	0.0279	0.0319	0.0359
0.1	0.0398	0.0438	0.0478	0.0517	0.0557	0.0596	0.0636	0.0675	0.0714	0.0753
0.2	0.0793	0.0832	0.0871	0.0910	0.0948	0.0987	0.1026	0.1064	0.1103	0.1141
0.3	0.1179	0.1217	0.1255	0.1293	0.1331	0.1368	0.1406	0.1443	0.1480	0.1517
0.4	0.1554	0.1591	0.1628	0.1664	0.1700	0.1736	0.1772	0.1808	0.1844	0.1879
0.5	0.1915	0.1950	0.1985	0.2019	0.2054	0.2088	0.2123	0.2157	0.2190	0.2224
0.6	0.2257	0.2291	0.2324	0.2357	0.2389	0.2422	0.2454	0.2486	0.2517	0.2549
0.7	0.2580	0.2611	0.2642	0.2673	0.2704	0.2734	0.2764	0.2794	0.2823	0.2852
0.8	0.2881	0.2910	0.2939	0.2967	0.2995	0.3023	0.3051	0.3078	0.3106	0.3133
0.9	0.3159	0.3186	0.3212	0.3238	0.3264	0.3289	0.3315	0.3340	0.3365	0.3389
1.0	0.3413	0.3438	0.3461	0.3485	0.3508	0.3531	0.3554	0.3577	0.3599	0.3621
1.1	0.3643	0.3665	0.3686	0.3708	0.3729	0.3749	0.3770	0.3790	0.3810	0.3830
1.2	0.3849	0.3869	0.3888	0.3907	0.3925	0.3944	0.3962	0.3980	0.3997	0.4015
1.3	0.4032	0.4049	0.4066	0.4082	0.4099	0.4115	0.4131	0.4147	0.4162	0.4177
1.4	0.4192	0.4207	0.4222	0.4236	0.4251	0.4265	0.4279	0.4292	0.4306	0.4319
1.5	0.4332	0.4345	0.4357	0.4370	0.4382	0.4394	0.4406	0.4418	0.4429	0.4441
1.6	0.4452	0.4463	0.4474	0.4484	0.4495	0.4505	0.4515	0.4525	0.4535	0.4545
1.7	0.4554	0.4564	0.4573	0.4582	0.4591	0.4599	0.4608	0.4616	0.4625	0.4633
1.8	0.4641	0.4649	0.4656	0.4664	0.4671	0.4678	0.4686	0.4693	0.4699	0.4706
1.9	0.4713	0.4719	0.4726	0.4732	0.4738	0.4744	0.4750	0.4756	0.4761	0.4767
2.0	0.4772	0.4778	0.4783	0.4788	0.4793	0.4798	0.4803	0.4808	0.4812	0.4817
2.1	0.4821	0.4826	0.4830	0.4834	0.4838	0.4842	0.4846	0.4850	0.4854	0.4857
2.2	0.4861	0.4864	0.4868	0.4871	0.4875	0.4878	0.4881	0.4884	0.4887	0.4890
2.3	0.4893	0.4896	0.4898	0.4901	0.4904	0.4906	0.4909	0.4911	0.4913	0.4916
2.4	0.4918	0.4920	0.4922	0.4925	0.4927	0.4929	0.4931	0.4932	0.4934	0.4936
2.5	0.4938	0.4940	0.4941	0.4943	0.4945	0.4946	0.4948	0.4949	0.4951	0.4952
2.6	0.4953	0.4955	0.4956	0.4957	0.4959	0.4960	0.4961	0.4962	0.4963	0.4964
2.7	0.4965	0.4966	0.4967	0.4968	0.4969	0.4970	0.4971	0.4972	0.4973	0.4974
2.8	0.4974	0.4975	0.4976	0.4977	0.4977	0.4978	0.4979	0.4979	0.4980	0.4981
2.9	0.4981	0.4982	0.4982	0.4983	0.4984	0.4984	0.4985	0.4985	0.4986	0.4986
3.0	0.4987	0.4987	0.4987	0.4988	0.4988	0.4989	0.4989	0.4989	0.4990	0.4990
3.1	0.4990	0.4991	0.4991	0.4991	0.4992	0.4992	0.4992	0.4992	0.4993	0.4993
3.2	0.4993	0.4993	0.4994	0.4994	0.4994	0.4994	0.4994	0.4995	0.4995	0.4995
3.3	0.4995	0.4995	0.4995	0.4996	0.4996	0.4996	0.4996	0.4996	0.4996	0.4997
3.4	0.4997	0.4997	0.4997	0.4997	0.4997	0.4997	0.4997	0.4997	0.4997	0.4998

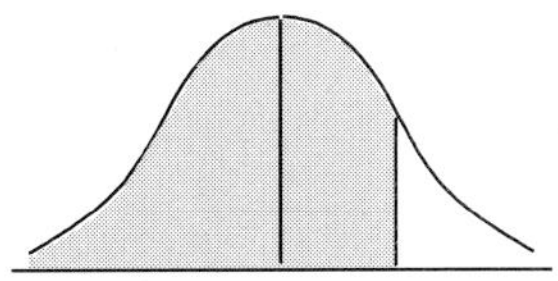

(B) $z : -\infty \sim z$

z	.00	.01	.02	.03	.04	.05	.06	.07	.08	.09
0.0	0.5000	0.5040	0.5080	0.5120	0.5160	0.5199	0.5239	0.5279	0.5319	0.5359
0.1	0.5398	0.5438	0.5478	0.5517	0.5557	0.5596	0.5636	0.5675	0.5714	0.5753
0.2	0.5793	0.5832	0.5871	0.5910	0.5948	0.5987	0.6026	0.6064	0.6103	0.6141
0.3	0.6179	0.6217	0.6255	0.6293	0.6331	0.6368	0.6406	0.6443	0.6480	0.6517
0.4	0.6554	0.6591	0.6628	0.6664	0.6700	0.6736	0.6772	0.6808	0.6844	0.6879
0.5	0.6915	0.6950	0.6985	0.7019	0.7054	0.7088	0.7123	0.7157	0.7190	0.7224
0.6	0.7257	0.7291	0.7324	0.7357	0.7389	0.7422	0.7454	0.7486	0.7517	0.7549
0.7	0.7580	0.7611	0.7642	0.7673	0.7703	0.7734	0.7764	0.7794	0.7823	0.7852
0.8	0.7881	0.1910	0.7939	0.7967	0.7995	0.8023	0.8051	0.8078	0.8106	0.8133
0.9	0.8159	0.8186	0.8212	0.8238	0.8264	0.8289	0.8315	0.8340	0.8365	0.8389
1.0	0.8413	0.8438	0.8461	0.8485	0.8508	0.8531	0.8554	0.8577	0.8599	0.8621
1.1	0.8643	0.8665	0.8686	0.8708	0.8729	0.8749	0.8770	0.8790	0.8810	0.8830
1.2	0.8849	0.8869	0.8888	0.8907	0.8925	0.8944	0.8962	0.8980	0.8997	0.9015
1.3	0.9032	0.9049	0.9066	0.9082	0.9099	0.9115	0.9131	0.9147	0.9162	0.9177
1.4	0.9192	0.9207	0.9222	0.9236	0.9251	0.9265	0.9279	0.9292	0.9306	0.9319
1.5	0.9332	0.9345	0.9357	0.9370	0.9382	0.9394	0.9406	0.9418	0.9429	0.9441
1.6	0.9452	0.9463	0.9474	0.9484	0.9495	0.9505	0.9515	0.9525	0.9535	0.9545
1.7	0.9554	0.9564	0.9573	0.9582	0.9591	0.9599	0.9608	0.9616	0.9625	0.9633
1.8	0.9641	0.9649	0.9656	0.9664	0.9671	0.9678	0.9686	0.9693	0.9699	0.9706
1.9	0.9713	0.9719	0.9726	0.9732	0.9738	0.9744	0.9750	0.9756	0.9761	0.9767
2.0	0.9772	0.9778	0.9783	0.9788	0.9793	0.9798	0.9803	0.9808	0.9812	0.9817
2.1	0.9821	0.9826	0.9830	0.9834	0.9838	0.9842	0.9846	0.9850	0.9854	0.9857
2.2	0.9861	0.9865	0.9868	0.9871	0.9875	0.9878	0.9881	0.9884	0.9887	0.9890
2.3	0.9893	0.9896	0.9898	0.9901	0.9904	0.9906	0.9909	0.9911	0.9913	0.9916
2.4	0.9918	0.9920	0.9922	0.9925	0.9927	0.9929	0.9931	0.9932	0.9934	0.9936
2.5	0.9938	0.9940	0.9941	0.9943	0.9945	0.9946	0.9948	0.9949	0.9951	0.9952
2.6	0.9953	0.9955	0.9956	0.9957	0.9959	0.9960	0.9961	0.9962	0.9963	0.9964
2.7	0.9965	0.9966	0.9967	0.9968	0.9969	0.9970	0.9971	0.9972	0.9973	0.9974
2.8	0.9974	0.9975	0.9976	0.9977	0.9977	0.9978	0.9979	0.9979	0.9980	0.9981
2.9	0.9981	0.9982	0.9982	0.9983	0.9984	0.9984	0.9985	0.9985	0.9986	0.9986
3.0	0.9987	0.9987	0.9987	0.9988	0.9988	0.9989	0.9989	0.9989	0.9990	0.9990
3.1	0.9990	0.9990	0.9991	0.9991	0.9992	0.9992	0.9992	0.9992	0.9993	0.9993
3.2	0.9993	0.9993	0.9994	0.9994	0.9994	0.9994	0.9994	0.9995	0.9995	0.9995
3.3	0.9995	0.9995	0.9995	0.9996	0.9996	0.9996	0.9996	0.9996	0.9996	0.9997
3.4	0.9997	0.9997	0.9997	0.9997	0.9997	0.9997	0.9997	0.9997	0.9997	0.9998

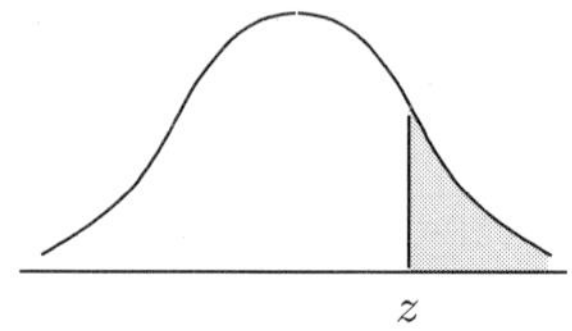

(C) $z : z \sim \infty$

z	.00	.01	.02	.03	.04	.05	.06	.07	.08	.09
0.0	0.5000	0.4960	0.4920	0.4880	0.4840	0.0481	0.4761	0.4721	0.4681	0.4641
0.1	0.4602	0.4562	0.4522	0.4483	0.4443	0.4404	0.4364	0.4325	0.4286	0.4247
0.2	0.4207	0.4168	0.4129	0.4090	0.4052	0.4013	0.3974	0.3936	0.3897	0.3859
0.3	0.3821	0.3783	0.3745	0.3707	0.3669	0.3632	0.3594	0.3557	0.3520	0.3483
0.4	0.3446	0.3409	0.3372	0.3336	0.3300	0.3264	0.3228	0.3192	0.3156	0.3121
0.5	0.3085	0.3050	0.3015	0.2981	0.2946	0.2912	0.2877	0.2843	0.2810	0.2776
0.6	0.2743	0.2709	0.2676	0.2643	0.2611	0.2578	0.2546	0.2514	0.2483	0.2451
0.7	0.2420	0.2389	0.2358	0.2327	0.2296	0.2266	0.2236	0.2206	0.2177	0.2148
0.8	0.2119	0.2090	0.2061	0.2033	0.2005	0.1977	0.1949	0.1922	0.1894	0.1867
0.9	0.1841	0.1814	0.1788	0.1762	0.1736	0.1711	0.1685	0.1660	0.1635	0.1611
1.0	0.1587	0.1562	0.1539	0.1515	0.1492	0.1469	0.1446	0.1423	0.1401	0.1379
1.1	0.1357	0.1335	0.1314	0.1292	0.1271	0.1251	0.1230	0.1210	0.1190	0.1170
1.2	0.1151	0.1131	0.1112	0.1093	0.1075	0.1056	0.1038	0.1020	0.1003	0.0985
1.3	0.0986	0.0951	0.0934	0.0918	0.0901	0.0885	0.0869	0.0853	0.0838	0.0823
1.4	0.0808	0.0793	0.0778	0.0764	0.0749	0.0735	0.0721	0.0708	0.0694	0.0681
1.5	0.0668	0.0655	0.0643	0.0630	0.0618	0.0606	0.0594	0.0582	0.0571	0.0559
1.6	0.0548	0.0537	0.0526	0.0516	0.0505	0.0495	0.0485	0.0475	0.0465	0.0455
1.7	0.0446	0.0436	0.0427	0.0418	0.0409	0.0401	0.0392	0.0384	0.0375	0.0367
1.8	0.0359	0.0351	0.0344	0.0336	0.0329	0.0322	0.0316	0.0307	0.0301	0.0294
1.9	0.0287	0.0281	0.0274	0.0268	0.0262	0.0256	0.0250	0.0244	0.0239	0.0233
2.0	0.0228	0.0222	0.0217	0.0212	0.0207	0.0202	0.0197	0.0192	0.0188	0.0183
2.1	0.0179	0.0174	0.0170	0.0166	0.0162	0.0158	0.0154	0.0150	0.0146	0.0143
2.2	0.0139	0.0136	0.0132	0.0129	0.0125	0.0122	0.0119	0.0116	0.0113	0.0110
2.3	0.0107	0.0104	0.0102	0.0099	0.0096	0.0094	0.0091	0.0089	0.0087	0.0084
2.4	0.0082	0.0080	0.0078	0.0075	0.0073	0.0071	0.0069	0.0068	0.0066	0.0064
2.5	0.0062	0.0060	0.0059	0.0057	0.0055	0.0054	0.0052	0.0051	0.0049	0.0048
2.6	0.0047	0.0045	0.0044	0.0043	0.0041	0.0040	0.0039	0.0038	0.0037	0.0036
2.7	0.0035	0.0034	0.0033	0.0032	0.0031	0.0030	0.0029	0.0028	0.0027	0.0026
2.8	0.0026	0.0025	0.0024	0.0023	0.0023	0.0022	0.0021	0.0021	0.0020	0.0019
2.9	0.0019	0.0018	0.0018	0.0017	0.0016	0.0016	0.0015	0.0015	0.0014	0.0014
3.0	0.0013	0.0013	0.0013	0.0012	0.0012	0.0011	0.0011	0.0011	0.0010	0.0010
3.1	0.0010	0.0009	0.0009	0.0009	0.0008	0.0008	0.0008	0.0008	0.0007	0.0007
3.2	0.0007	0.0007	0.0006	0.0006	0.0006	0.0006	0.0006	0.0005	0.0005	0.0005
3.3	0.0005	0.0005	0.0005	0.0004	0.0004	0.0004	0.0004	0.0004	0.0004	0.0003
3.4	0.0003	0.0003	0.0003	0.0003	0.0003	0.0003	0.0003	0.0003	0.0003	0.0002

2 난수표 예시

03 47 43 73 86	36 96 47 36 61	46 98 63 71 62	33 26 16 80 45	60 11 14 10 95
97 74 24 67 62	42 81 14 57 20	42 53 32 37 32	27 07 36 07 51	24 51 79 89 73
16 76 62 27 66	56 50 26 71 07	32 90 79 78 53	13 55 38 58 59	88 97 54 14 10
12 56 85 99 26	96 96 68 27 31	05 03 72 93 15	57 12 10 14 21	88 26 49 81 76
55 59 56 35 64	38 54 82 46 22	31 62 43 09 90	06 18 44 32 53	23 83 01 30 30
16 22 77 97 39	49 54 43 54 82	17 37 93 23 78	87 35 20 96 43	84 26 34 91 64
84 42 17 53 31	57 24 55 06 88	77 04 74 47 67	21 76 33 50 25	83 92 12 06 76
63 01 63 78 59	16 95 55 67 19	98 10 50 71 75	12 86 73 58 07	44 39 52 38 79
33 21 12 34 29	78 64 56 07 82	52 42 07 44 38	15 51 00 13 42	99 66 02 79 54
57 60 86 32 44	09 47 27 96 54	49 17 46 09 62	90 52 84 77 27	08 02 73 43 28
18 18 07 92 46	44 17 16 58 09	79 83 86 19 62	06 76 50 03 10	55 23 64 05 05
26 62 38 97 75	84 16 07 44 99	83 11 46 32 24	20 14 85 88 45	10 93 72 88 71
23 42 40 64 74	82 97 77 77 81	07 45 32 14 08	32 98 94 07 72	93 85 79 10 75
62 36 28 19 95	50 92 26 11 97	00 56 76 31 38	80 22 02 53 53	86 60 42 04 53
37 85 94 35 12	83 39 50 08 30	42 34 07 96 88	54 42 06 87 98	35 85 29 48 39
70 29 17 12 13	40 33 20 38 26	13 89 51 03 74	17 76 37 13 04	07 74 21 19 30
56 62 18 37 35	96 83 50 87 75	97 12 25 93 47	70 33 24 03 54	97 77 46 44 80
99 49 57 22 77	88 42 95 45 72	16 64 36 16 00	04 43 18 66 79	94 77 24 21 90
16 08 15 04 72	33 27 14 34 09	45 59 34 68 49	12 72 07 34 45	99 27 72 95 14
31 16 93 32 43	50 27 89 87 19	20 15 37 00 49	52 85 66 60 44	38 68 88 11 80
68 34 30 13 70	55 74 30 77 40	44 22 78 84 26	04 33 46 09 52	68 07 97 06 57
74 57 25 65 76	59 29 97 68 60	71 91 38 67 54	13 58 18 24 76	15 54 55 95 52
27 42 37 86 53	48 55 90 65 72	96 57 69 36 10	96 46 92 42 45	97 60 49 04 91
00 39 68 29 61	66 37 32 20 30	77 84 57 03 29	10 45 65 04 26	11 04 96 67 24
29 94 98 94 24	68 49 69 10 82	53 75 91 93 30	34 25 20 57 27	40 48 73 51 92
16 90 82 66 59	83 62 64 11 12	67 19 00 71 74	60 47 21 29 68	02 02 37 03 31
11 27 94 75 06	06 09 19 74 66	02 94 37 34 02	76 70 90 30 86	38 45 94 30 38
35 24 10 16 20	33 32 51 26 38	79 78 45 04 91	16 92 53 56 16	02 75 50 95 98
38 23 16 86 38	42 38 97 01 50	87 75 66 81 41	40 01 74 91 62	48 51 84 08 32
31 96 25 91 47	96 44 33 49 13	34 86 82 53 91	00 52 43 48 85	27 55 26 89 62
66 67 40 67 14	64 05 71 95 86	11 05 65 09 68	76 83 20 37 90	57 16 00 11 66
14 90 84 45 11	75 73 88 05 90	52 27 41 14 86	22 98 12 22 08	07 52 74 95 80
68 05 51 18 00	33 96 02 75 19	07 60 62 93 55	59 33 82 43 90	49 37 38 44 59
20 46 78 73 90	97 51 40 14 02	04 02 33 31 08	39 54 16 49 36	47 95 93 13 30
64 19 58 97 79	15 06 15 93 20	01 90 10 75 06	40 78 78 89 62	02 67 74 17 33
05 26 93 70 60	22 35 85 15 13	92 03 51 59 77	59 56 78 06 83	52 91 05 70 74
07 97 10 88 23	09 98 42 99 64	61 71 62 99 15	06 51 27 16 93	58 05 77 09 51
68 71 86 85 85	54 87 66 47 54	73 32 08 11 12	44 95 92 63 16	29 56 24 29 48
26 99 61 65 53	58 37 78 80 70	42 10 50 67 42	32 17 55 85 74	94 44 67 16 94
14 65 52 68 75	87 59 36 22 41	26 78 63 06 55	13 08 27 01 50	15 29 39 39 43
17 53 77 58 71	71 41 61 50 72	12 41 94 96 26	44 95 27 36 99	02 96 74 30 83
90 26 59 21 19	23 52 23 33 12	96 93 02 18 39	07 02 18 36 07	25 99 32 70 23
41 23 52 55 99	31 04 49 69 96	10 47 48 45 88	13 41 43 89 20	97 17 14 49 17
60 20 50 81 69	31 99 73 68 68	35 81 33 03 76	24 30 12 48 60	18 99 10 72 34
91 25 38 05 90	94 58 28 41 36	45 37 59 03 09	90 35 57 29 12	82 62 54 65 60
34 50 57 74 37	98 80 33 00 91	09 77 93 19 82	74 94 80 04 04	45 07 31 66 49
85 22 04 39 43	73 81 53 94 79	33 62 46 86 28	08 31 54 46 31	53 94 13 38 47
09 79 13 77 48	73 82 97 22 21	05 03 27 24 83	72 89 44 05 60	35 80 39 94 88
88 75 80 18 14	22 95 75 42 49	39 32 82 22 49	02 48 07 70 37	16 04 61 67 87
90 96 23 70 00	39 00 03 06 90	55 85 78 38 36	94 37 30 69 32	90 89 00 76 33

3 t 분포표

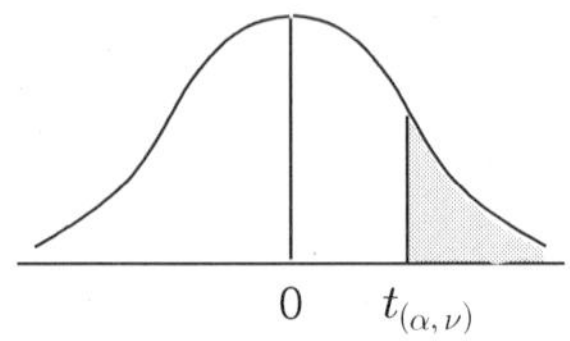

df \ α	.4	.25	.1	.05	.025	.01	.005	.0025	.001	.0005
1	.325	1.000	3.078	6.314	12.706	31.821	63.657	127.32	318.31	636.62
2	.289	.816	1.886	2.920	4.303	6.965	9.925	14.089	22.327	31.598
3	.277	.765	1.638	2.353	3.182	4.541	5.841	7.453	10.214	12.924
4	.271	.741	1.533	2.132	2.776	3.747	4.604	5.598	7.173	8.610
5	.267	.727	1.476	2.015	2.571	3.365	4.032	4.773	5.893	6.869
6	.265	.718	1.440	1.943	2.447	3.143	3.707	4.317	5.208	5.959
7	.263	.711	1.415	1.895	2.365	2.998	3.499	4.029	4.785	5.408
8	.262	.706	1.397	1.860	2.306	2.896	3.355	3.833	4.501	5.041
9	.261	.703	1.383	1.833	2.262	2.821	3.250	3.690	4.297	4.781
10	.260	.700	1.372	1.812	2.228	2.764	3.169	3.581	4.144	4.587
11	.260	.697	1.363	1.796	2.201	2.718	3.106	3.497	4.025	4.437
12	.259	.695	1.356	1.782	2.179	2.681	3.055	3.428	3.930	4.318
13	.259	.694	1.350	1.771	2.160	2.650	3.012	3.372	3.852	4.221
14	.258	.692	1.345	1.761	2.145	2.624	2.977	3.326	3.787	4.140
15	.258	.691	1.341	1.753	2.131	2.602	2.947	3.286	3.733	4.073
16	.258	.690	1.337	1.746	2.120	2.583	2.921	3.252	3.686	4.015
17	.257	.689	1.333	1.740	2.110	2.567	2.898	3.222	3.646	3.965
18	.257	.688	1.330	1.734	2.101	2.552	2.878	3.197	3.610	3.922
19	.257	.688	1.328	1.729	2.093	2.539	2.861	3.174	3.579	3.883
20	.257	.687	1.325	1.725	2.086	2.528	2.845	3.153	3.552	3.850
21	.257	.686	1.323	1.721	2.080	2.518	2.831	3.135	3.527	3.819
22	.256	.686	1.321	1.717	2.074	2.508	2.819	3.119	3.505	3.792
23	.256	.685	1.319	1.714	2.069	2.500	2.807	3.104	3.485	3.767
24	.256	.685	1.318	1.711	2.064	2.491	2.797	3.091	3.467	3.745
25	.256	.684	1.316	1.708	2.060	2.485	2.787	3.078	3.450	3.725
26	.256	.684	1.315	1.706	2.056	2.479	2.779	3.067	3.435	4.707
27	.256	.684	1.314	1.703	2.052	2.473	2.771	3.057	3.421	3.690
28	.256	.683	1.313	1.701	2.048	2.467	2.763	3.047	3.408	3.674
29	.256	.683	1.311	1.699	2.045	2.462	2.756	3.038	3.396	3.659
30	.256	.683	1.310	1.697	2.042	2.457	2.750	3.030	3.385	3.646
40	.255	.681	1.303	1.684	2.021	2.423	2.704	2.971	3.307	3.551
60	.254	.679	1.296	1.671	2.000	2.390	2.660	2.915	3.232	3.460
120	.254	.677	1.289	1.658	1.980	2.358	2.617	2.860	3.160	3.373
∞	.253	.674	1.282	1.645	1.960	2.326	2.576	2.807	3.090	3.291

4 F 분포표

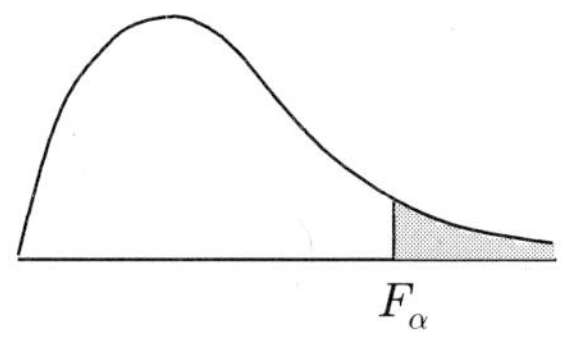

(A) $\alpha = 0.10$

df_2 \ df_1	1	2	3	4	5	6	7	8	9	10
1	39.86	49.50	53.59	55.83	57.24	58.20	58.91	59.44	59.86	60.19
2	8.53	9.00	9.16	9.24	9.29	9.33	9.35	9.37	9.38	9.39
3	5.54	5.46	5.39	5.34	5.31	5.28	5.27	5.25	5.24	5.23
4	4.54	4.32	4.19	4.11	4.05	4.01	3.98	3.95	3.94	3.92
5	4.06	3.78	3.62	3.52	3.45	3.40	3.37	3.34	3.32	3.30
6	3.78	3.46	3.29	3.18	3.11	3.05	3.01	2.98	2.96	2.94
7	3.59	3.26	3.07	2.96	2.88	2.83	2.78	2.75	2.72	2.70
8	3.46	3.11	2.92	2.81	2.73	2.67	2.62	2.59	2.56	2.54
9	3.36	3.01	2.81	2.69	2.61	2.55	2.51	2.47	2.44	2.42
10	3.29	2.92	2.73	2.61	2.52	2.46	2.41	2.38	2.35	2.32
11	3.23	2.86	2.66	2.54	2.45	2.39	2.34	2.30	2.27	2.25
12	3.18	2.81	2.61	2.48	2.39	2.33	2.28	2.24	2.21	2.19
13	3.14	2.76	2.56	2.43	2.35	2.28	2.23	2.20	2.16	2.14
14	3.10	2.73	2.52	2.39	2.31	2.24	2.19	2.15	2.12	2.10
15	3.07	2.70	2.49	2.36	2.27	2.21	2.16	2.12	2.09	2.06
16	3.05	2.67	2.46	2.33	2.24	2.18	2.13	2.09	2.06	2.03
17	3.03	2.64	2.44	2.31	2.22	2.15	2.10	2.06	2.03	2.00
18	3.01	2.62	2.42	2.29	2.20	2.13	2.08	2.04	2.00	1.98
19	2.99	2.61	2.40	2.27	2.18	2.11	2.06	2.02	1.98	1.96
20	2.97	2.59	2.38	2.25	2.16	2.09	2.04	2.00	1.96	1.94
21	2.96	2.57	2.36	2.23	2.14	2.08	2.02	1.98	1.95	1.92
22	2.95	2.56	2.35	2.22	2.13	2.06	2.01	1.97	1.93	1.90
23	2.94	2.55	2.34	2.21	2.11	2.05	1.99	1.95	1.92	1.89
24	2.93	2.54	2.33	2.19	2.10	2.04	1.98	1.94	1.91	1.88
25	2.92	2.53	2.32	2.18	2.09	2.02	1.97	1.93	1.89	1.87
26	2.91	2.52	2.31	2.17	2.08	2.01	1.96	1.92	1.88	1.86
27	2.90	2.51	2.30	2.17	2.07	2.00	1.95	1.91	1.87	1.85
28	2.89	2.50	2.29	2.16	2.06	2.00	1.94	1.90	1.87	1.84
29	2.89	2.50	2.28	2.15	2.06	1.99	1.93	1.89	1.86	1.83
30	2.88	2.49	2.28	2.14	2.05	1.98	1.93	1.88	1.85	1.82
40	2.84	2.44	2.23	2.09	2.00	1.93	1.87	1.83	1.79	1.76
60	2.79	2.39	2.18	2.04	1.95	1.87	1.82	1.77	1.74	1.71
120	2.75	2.35	2.13	1.99	1.90	1.82	1.77	1.72	1.68	1.65
∞	2.71	2.30	2.08	1.94	1.85	1.77	1.72	1.67	1.63	1.60

$\alpha = 0.10$(계속)

df_2 \ df_1	12	15	20	24	30	40	60	120	∞
1	60.71	61.22	61.74	62.00	62.26	62.53	62.79	63.06	63.33
2	9.41	9.42	9.44	9.45	9.46	9.47	9.47	9.48	9.49
3	5.22	5.20	5.18	5.18	5.17	5.16	5.15	5.14	5.13
4	3.90	3.87	3.84	3.83	3.82	3.80	3.79	3.78	3.76
5	3.27	3.24	3.21	3.19	3.17	3.16	3.14	3.12	3.10
6	2.90	2.87	2.84	2.82	2.80	2.78	2.76	2.74	2.72
7	2.67	2.63	2.59	2.58	2.56	2.54	2.51	2.49	2.47
8	2.50	2.46	2.42	2.40	2.38	2.36	2.34	2.32	2.29
9	2.38	2.34	2.30	2.28	2.25	2.23	2.21	2.18	2.16
10	2.28	2.24	2.20	2.18	2.16	2.13	2.11	2.08	2.06
11	2.21	2.17	2.12	2.10	2.08	2.05	2.03	2.00	1.97
12	2.15	2.10	2.06	2.04	2.01	1.99	1.96	1.93	1.90
13	2.10	2.05	2.01	1.98	1.96	1.93	1.90	1.88	1.85
14	2.05	2.01	1.96	1.94	1.91	1.89	1.86	1.83	1.80
15	2.02	1.97	1.92	1.90	1.87	1.85	1.82	1.79	1.76
16	1.99	1.94	1.89	1.87	1.84	1.81	1.78	1.75	1.72
17	1.96	1.91	1.86	1.84	1.81	1.78	1.75	1.72	1.69
18	1.93	1.89	1.84	1.81	1.78	1.75	1.72	1.69	1.66
19	1.91	1.86	1.81	1.79	1.76	1.73	1.70	1.67	1.63
20	1.89	1.84	1.79	1.77	1.74	1.71	1.68	1.64	1.61
21	1.87	1.83	1.78	1.75	1.72	1.69	1.66	1.62	1.59
22	1.86	1.81	1.76	1.73	1.70	1.67	1.64	1.60	1.57
23	1.84	1.80	1.74	1.72	1.69	1.66	1.62	1.59	1.55
24	1.83	1.78	1.73	1.70	1.67	1.64	1.61	1.57	1.53
25	1.82	1.77	1.72	1.69	1.66	1.63	1.59	1.56	1.52
26	1.81	1.76	1.71	1.68	1.65	1.61	1.58	1.54	1.50
27	1.80	1.75	1.70	1.67	1.64	1.60	1.57	1.53	1.49
28	1.79	1.74	1.69	1.66	1.63	1.59	1.56	1.52	1.48
29	1.78	1.73	1.68	1.65	1.62	1.58	1.55	1.51	1.47
30	1.77	1.72	1.67	1.64	1.61	1.57	1.54	1.50	1.46
40	1.71	1.66	1.61	1.57	1.54	1.51	1.47	1.42	1.38
60	1.66	1.60	1.54	1.51	1.48	1.44	1.40	1.35	1.29
120	1.60	1.55	1.48	1.45	1.41	1.37	1.32	1.26	1.19
∞	1.55	1.49	1.42	1.38	1.34	1.30	1.24	1.17	1.00

(B) $\alpha = 0.05$

df_2 \ df_1	1	2	3	4	5	6	7	8	9	10
1	161.45	199.50	215.71	224.58	230.16	233.99	236.77	238.88	240.54	241.88
2	18.51	19.00	19.16	19.25	19.30	19.33	19.35	19.37	19.38	19.40
3	10.13	9.55	9.28	9.12	9.01	8.94	8.89	8.85	8.81	8.79
4	7.71	6.94	6.59	6.39	6.26	6.16	6.09	6.04	6.00	5.96
5	6.61	5.79	5.41	5.19	5.05	4.95	4.88	4.82	4.77	4.74
6	5.99	5.14	4.76	4.53	4.39	4.28	4.21	4.15	4.10	4.06
7	5.59	4.74	4.35	4.12	3.97	3.87	3.79	3.73	3.68	3.64
8	5.32	4.46	4.07	3.84	3.69	3.58	3.50	3.44	3.39	3.35
9	5.12	4.26	3.86	3.63	3.48	3.37	3.29	3.23	3.18	3.14
10	4.96	4.10	3.71	3.48	3.33	3.22	3.14	3.07	3.02	2.98
11	4.84	3.98	3.59	3.36	3.20	3.09	3.01	2.95	2.90	2.85
12	4.75	3.89	3.49	3.26	3.11	3.00	2.91	2.85	2.80	2.75
13	4.67	3.81	3.41	3.18	3.03	2.92	2.83	2.77	2.71	2.67
14	4.60	3.74	3.34	3.11	2.96	2.85	2.76	2.70	2.65	2.60
15	4.54	3.68	3.29	3.06	2.90	2.79	2.71	2.64	2.59	2.54
16	4.49	3.63	3.24	3.01	2.85	2.74	2.66	2.59	2.54	2.49
17	4.45	3.59	3.20	2.96	2.81	2.70	2.61	2.55	2.49	2.45
18	4.41	3.55	3.16	2.93	2.77	2.66	2.58	2.51	2.46	2.41
19	4.38	3.52	3.13	2.90	2.74	2.63	2.54	2.48	2.42	2.38
20	4.35	3.49	3.10	2.87	2.71	2.60	2.51	2.45	2.39	2.35
21	4.32	3.47	3.07	2.84	2.68	2.57	2.49	2.42	2.37	2.32
22	4.30	3.44	3.05	2.82	2.66	2.55	2.46	2.40	2.34	2.30
23	4.28	3.42	3.03	2.80	2.64	2.53	2.44	2.37	2.32	2.27
24	4.26	3.40	3.01	2.78	2.62	2.51	2.42	2.36	2.30	2.25
25	4.24	3.39	2.99	2.76	2.60	2.49	2.40	2.34	2.28	2.24
26	4.23	3.37	2.98	2.74	2.59	2.47	2.39	2.32	2.27	2.22
27	4.21	3.35	2.96	2.73	2.57	2.46	2.37	2.31	2.25	2.20
28	4.20	3.34	2.95	2.71	2.56	2.45	2.36	2.29	2.24	2.19
29	4.18	3.33	2.93	2.70	2.55	2.43	2.35	2.28	2.22	2.18
30	4.17	3.32	2.92	2.69	2.53	2.42	2.33	2.27	2.21	2.16
40	4.08	3.23	2.84	2.61	2.45	2.34	2.25	2.18	2.12	2.08
60	4.00	3.15	2.76	2.53	2.37	2.25	2.17	2.10	2.04	1.99
120	3.92	3.07	2.68	2.45	2.29	2.18	2.09	2.02	1.96	1.91
∞	3.84	3.00	2.60	2.37	2.21	2.10	2.01	1.94	1.88	1.83

$\alpha = 0.05$(계속)

df_2 \ df_1	12	15	20	24	30	40	60	120	∞
1	243.91	245.95	248.01	249.05	250.10	251.14	252.20	253.25	254.3
2	19.41	19.43	19.45	19.45	19.46	19.47	19.48	19.49	19.50
3	8.74	8.70	8.66	8.64	8.62	8.59	8.57	8.55	8.53
4	5.91	5.86	5.80	5.77	5.75	5.72	5.69	5.66	5.63
5	4.68	4.62	4.56	4.53	4.50	4.46	4.43	4.40	4.36
6	4.00	3.94	3.87	3.84	3.81	3.77	3.74	3.70	3.67
7	3.57	3.51	3.44	3.41	3.38	3.34	3.30	3.27	3.23
8	3.28	3.22	3.15	3.12	3.08	3.04	3.01	2.97	2.93
9	3.07	3.01	2.94	2.90	2.86	2.83	2.79	2.75	2.71
10	2.91	2.85	2.77	2.74	2.70	2.66	2.62	2.58	2.54
11	2.79	2.72	2.65	2.61	2.57	2.53	2.49	2.45	2.40
12	2.69	2.62	2.54	2.51	2.47	2.43	2.38	2.34	2.30
13	2.60	2.53	2.46	2.42	2.38	2.34	2.30	2.25	2.21
14	2.53	2.46	2.39	2.35	2.31	2.27	2.22	2.18	2.13
15	2.48	2.40	2.33	2.29	2.25	2.20	2.16	2.11	2.07
16	2.42	2.35	2.28	2.24	2.19	2.15	2.11	2.06	2.01
17	2.38	2.31	2.23	2.19	2.15	2.10	2.06	2.01	1.96
18	2.34	2.27	2.19	2.15	2.11	2.06	2.02	1.97	1.92
19	2.31	2.23	2.16	2.11	2.07	2.03	1.98	1.93	1.88
20	2.28	2.20	2.12	2.08	2.04	1.99	1.95	1.90	1.84
21	2.25	2.18	2.10	2.05	2.01	1.96	1.92	1.87	1.81
22	2.23	2.15	2.07	2.03	1.98	1.94	1.89	1.84	1.78
23	2.20	2.13	2.05	2.01	1.96	1.91	1.86	1.81	1.76
24	2.18	2.11	2.03	1.98	1.94	1.89	1.84	1.79	1.73
25	2.16	2.09	2.01	1.96	1.92	1.87	1.82	1.77	1.71
26	2.15	2.07	1.99	1.95	1.90	1.85	1.80	1.75	1.69
27	2.13	2.06	1.97	1.93	1.88	1.84	1.79	1.73	1.67
28	2.12	2.04	1.96	1.91	1.87	1.82	1.77	1.71	1.65
29	2.10	2.03	1.94	1.90	1.85	1.81	1.75	1.70	1.64
30	2.09	2.01	1.93	1.89	1.84	1.79	1.74	1.68	1.62
40	2.00	1.92	1.84	1.79	1.74	1.69	1.64	1.58	1.51
60	1.92	1.84	1.75	1.70	1.65	1.59	1.53	1.47	1.39
120	1.83	1.75	1.66	1.61	1.55	1.50	1.43	1.35	1.25
∞	1.75	1.67	1.57	1.52	146	1.39	1.32	1.22	1.00

(C) $\alpha = 0.025$

df_2 \ df_1	1	2	3	4	5	6	7	8	9	10
1	647.79	799.50	864.16	899.58	921.85	937.11	948.22	956.66	963.28	968.63
2	38.51	39.00	39.17	39.25	39.30	39.33	39.36	39.37	39.39	39.40
3	17.44	16.04	15.44	15.10	14.88	14.73	14.62	14.54	14.47	14.42
4	12.22	10.65	9.98	9.60	9.36	9.20	9.07	8.98	8.90	8.84
5	10.01	8.43	7.76	7.39	7.15	6.98	6.85	6.76	6.68	6.62
6	8.81	7.26	6.60	6.23	5.99	5.82	5.70	5.60	5.52	5.46
7	8.07	6.54	5.89	5.52	5.29	5.12	4.99	4.90	4.82	4.76
8	7.57	6.06	5.42	5.05	4.82	4.65	4.53	4.43	4.36	4.30
9	7.21	5.71	5.08	4.72	4.48	4.32	4.20	4.10	4.03	3.96
10	6.94	5.46	4.83	4.47	4.24	4.07	3.95	3.85	3.78	3.72
11	6.72	5.26	4.63	4.28	4.04	3.88	3.76	3.66	3.59	3.53
12	6.55	5.10	4.47	4.12	3.89	3.73	3.61	3.51	3.44	3.37
13	6.41	4.97	4.35	4.00	3.77	3.60	3.48	3.39	3.31	3.25
14	6.30	4.86	4.24	3.89	3.66	3.50	3.38	3.29	3.21	3.15
15	6.20	4.77	4.15	3.80	3.58	3.41	3.29	3.20	3.12	3.06
16	6.12	4.69	4.08	3.73	3.50	3.34	3.22	3.12	3.05	2.99
17	6.04	4.62	4.01	3.66	3.44	3.28	3.16	3.06	2.98	2.92
18	5.98	4.56	3.95	3.61	3.38	3.22	3.10	3.01	2.93	2.87
19	5.92	4.51	3.90	3.56	3.33	3.17	3.05	2.96	2.88	2.82
20	5.87	4.46	3.86	3.51	3.29	3.13	3.01	2.91	2.84	2.77
21	5.83	4.42	3.82	3.48	3.25	3.09	2.97	2.87	2.80	2.73
22	5.79	4.38	3.78	3.44	3.22	3.05	2.93	2.84	2.76	2.70
23	5.75	4.35	3.75	3.41	3.18	3.02	2.90	2.81	2.73	2.67
24	5.72	4.32	3.72	3.38	3.15	2.99	2.87	2.78	2.70	2.64
25	5.69	4.29	3.69	3.35	3.13	2.97	2.85	2.75	2.68	2.61
26	5.66	4.27	3.67	3.33	3.10	2.94	2.82	2.73	2.65	2.59
27	5.63	4.24	3.65	3.31	3.08	2.92	2.80	2.71	2.63	2.57
28	5.61	4.22	3.63	3.29	3.06	2.90	2.78	2.69	2.61	2.55
29	5.59	4.20	3.61	3.27	3.04	2.88	2.76	2.67	2.59	2.53
30	5.57	4.18	3.59	3.25	3.03	2.87	2.75	2.65	2.57	2.51
40	5.42	4.05	3.46	3.13	2.90	2.74	2.62	2.53	2.45	2.39
60	5.29	3.93	3.34	3.01	2.79	2.63	2.51	2.41	2.33	2.27
120	5.15	3.80	3.23	2.89	2.67	2.52	2.39	2.30	2.22	2.16
∞	5.02	3.69	3.12	2.79	2.57	2.41	2.29	2.19	2.11	2.05

$\alpha = 0.025$(계속)

df_2 \ df_1	12	15	20	24	30	40	60	120	∞
1	976.71	984.87	993.10	997.25	1001.41	1005.60	1009.80	1014.02	1018
2	39.41	39.43	39.45	39.46	39.46	39.47	39.48	39.49	39.50
3	14.34	14.25	14.17	14.12	14.08	14.04	13.99	13.95	13.90
4	8.75	8.66	8.56	8.51	8.46	8.41	8.36	8.31	8.26
5	6.52	6.43	6.33	6.28	6.23	6.18	6.12	6.07	6.02
6	5.37	5.27	5.17	5.12	5.07	5.01	4.96	4.90	4.85
7	4.67	4.57	4.47	4.41	4.36	4.31	4.25	4.20	4.14
8	4.20	4.10	4.00	3.95	3.89	3.84	3.78	3.73	3.67
9	3.87	3.77	3.67	3.61	3.56	3.51	3.45	3.39	3.33
10	3.62	3.52	3.42	3.37	3.31	3.26	3.20	3.14	3.08
11	3.43	3.33	3.23	3.17	3.12	3.06	3.00	2.94	2.88
12	3.28	3.18	3.07	3.02	2.96	2.91	2.85	2.79	2.72
13	3.15	3.05	2.95	2.89	2.84	2.78	2.72	2.66	2.60
14	3.05	2.95	2.84	2.79	2.73	2.67	2.61	2.55	2.49
15	2.96	2.86	2.76	2.70	2.64	2.59	2.52	2.46	2.40
16	2.89	2.79	2.68	2.63	2.57	2.51	2.45	2.38	2.32
17	2.82	2.72	2.62	2.56	2.50	2.44	2.38	2.32	2.26
18	2.77	2.67	2.56	2.50	2.44	2.38	2.32	2.26	2.13
19	2.72	2.62	2.51	2.45	2.39	2.33	2.27	2.20	2.09
20	2.68	2.57	2.46	2.41	2.35	2.29	2.22	2.16	2.04
21	2.64	2.53	2.42	2.37	2.31	2.25	2.18	2.11	2.00
22	2.60	2.50	2.39	2.33	2.27	2.21	2.14	2.08	1.97
23	2.57	2.47	2.36	2.30	2.24	2.18	2.11	2.04	1.94
24	2.54	2.44	2.33	2.27	2.21	2.15	2.08	2.01	1.91
25	2.51	2.41	2.30	2.24	2.18	2.12	2.05	1.98	1.88
26	2.49	2.39	2.28	2.22	2.16	2.09	2.03	1.95	1.85
27	2.47	2.36	2.25	2.19	2.13	2.07	2.00	1.93	1.83
28	2.45	2.34	2.23	2.17	2.11	2.05	1.98	1.91	1.81
29	2.43	2.32	2.21	2.15	2.09	2.03	1.96	1.89	1.79
30	2.41	2.31	2.20	2.14	2.07	2.01	1.94	1.87	1.64
40	2.29	2.18	2.07	2.01	1.94	1.88	1.80	1.72	1.48
60	2.17	2.06	1.94	1.88	1.82	1.74	1.67	1.58	1.31
120	2.05	1.94	1.82	1.76	1.69	1.61	1.53	1.43	1.00
∞	1.94	1.83	1.74	1.64	1.57	1.48	1.39	1.27	

(D) $\alpha = 0.01$

df_2 \ df_1	1	2	3	4	5	6	7	8	9	10
1	4052.18	4999.50	5403.35	5624.58	5763.65	5858.99	5928.36	5981.07	6022.47	6055.85
2	98.50	99.00	99.17	99.25	99.30	99.33	99.36	99.37	99.39	99.40
3	34.12	30.82	29.46	28.71	28.24	27.91	27.67	27.49	27.35	27.23
4	21.20	18.00	16.69	15.98	15.52	15.21	14.98	14.80	14.66	14.55
5	16.26	13.27	12.06	11.39	10.97	10.67	10.46	10.29	10.16	10.05
6	13.75	10.92	9.78	9.15	8.75	8.47	8.26	8.10	7.98	7.87
7	12.25	9.55	8.45	7.85	7.46	7.19	6.99	6.84	6.72	6.62
8	11.26	8.65	7.59	7.01	6.63	6.37	6.18	6.03	5.91	5.81
9	10.56	8.02	6.99	6.42	6.06	5.80	5.61	5.47	5.35	5.26
10	10.04	7.56	6.55	5.99	5.64	5.39	5.20	5.06	4.94	4.85
11	9.65	7.21	6.22	5.67	5.32	5.07	4.89	4.74	4.63	4.54
12	9.33	6.93	5.95	5.41	5.06	4.82	4.64	4.50	4.39	4.30
13	9.07	6.70	5.74	5.21	4.86	4.62	4.44	4.30	4.19	4.10
14	8.86	6.51	5.56	5.04	4.69	4.46	4.28	4.14	4.03	3.94
15	8.68	6.36	5.42	4.89	4.56	4.32	4.14	4.00	3.89	3.80
16	8.53	6.23	5.29	4.77	4.44	4.20	4.03	3.89	3.78	3.69
17	8.40	6.11	5.18	4.67	4.34	4.10	3.93	3.79	3.68	3.59
18	8.29	6.01	5.09	4.58	4.25	4.01	3.84	3.71	3.60	3.51
19	8.18	5.93	5.01	4.50	4.17	3.94	3.77	3.63	3.52	3.43
20	8.10	5.85	4.94	4.43	4.10	3.87	3.70	3.56	3.46	3.37
21	8.02	5.78	4.87	4.37	4.04	3.81	3.64	3.51	3.40	3.31
22	7.95	5.72	4.82	4.31	3.99	3.76	3.59	3.45	3.35	3.26
23	7.88	5.66	4.76	4.26	3.94	3.71	3.54	3.41	3.30	3.21
24	7.82	5.61	4.72	4.22	3.90	3.67	3.50	3.36	3.26	3.17
25	7.77	5.57	4.68	4.18	3.85	3.63	3.46	3.32	3.22	3.13
26	7.72	5.53	4.64	4.14	3.82	3.59	3.42	3.29	3.18	3.09
27	7.68	5.49	4.60	4.11	3.78	3.56	3.39	3.26	3.15	3.06
28	7.64	5.45	4.57	4.07	3.75	3.53	3.36	3.23	3.12	3.03
29	7.60	5.42	4.54	4.04	3.73	3.50	3.33	3.20	3.09	3.00
30	7.56	5.39	4.51	4.02	3.70	3.47	3.30	3.17	3.07	2.98
40	7.31	5.18	4.31	3.83	3.51	3.29	3.12	2.99	2.89	2.80
60	7.08	4.98	4.13	3.65	3.34	3.12	2.95	2.82	2.72	2.63
120	6.85	4.79	3.95	3.48	3.17	2.96	2.79	2.66	2.56	2.47
∞	6.63	4.61	3.78	3.32	3.02	2.80	2.64	2.51	2.41	2.32

$\alpha = 0.01$(계속)

df_2 \ df_1	12	15	20	24	30	40	60	120	∞
1	6106.32	6157.28	6208.73	6234.63	6260.65	6286.78	6313.03	6339.39	6366
2	99.42	99.43	99.45	99.46	99.47	99.47	99.48	99.49	99.50
3	27.05	26.87	26.69	26.60	26.50	26.41	26.32	26.22	26.13
4	14.37	14.20	14.02	13.93	13.84	13.75	13.65	13.56	13.46
5	9.89	9.72	9.55	9.47	9.38	9.29	9.20	9.11	9.02
6	7.72	7.56	7.40	7.31	7.23	7.14	7.06	6.97	6.88
7	6.47	6.31	6.16	6.07	5.99	5.91	5.82	5.74	5.65
8	5.67	5.52	5.36	5.28	5.20	5.12	5.03	4.95	4.86
9	5.11	4.96	4.81	4.73	4.65	4.57	4.48	4.40	4.31
10	4.71	4.56	4.41	4.33	4.25	4.17	4.08	4.00	3.91
11	4.40	4.25	4.10	4.02	3.94	3.86	3.78	3.69	3.60
12	4.16	4.01	3.86	3.78	3.70	3.62	3.54	3.45	3.36
13	3.96	3.82	3.66	3.59	3.51	3.43	3.34	3.25	3.17
14	3.80	3.66	3.51	3.43	3.35	3.27	3.18	3.09	3.00
15	3.67	3.52	3.37	3.29	3.21	3.13	3.05	2.96	2.87
16	3.55	3.41	3.26	3.18	3.10	3.02	2.93	2.84	2.75
17	3.46	3.31	3.16	3.08	3.00	2.92	2.83	2.75	2.65
18	3.37	3.23	3.08	3.00	2.92	2.84	2.75	2.66	2.57
19	3.30	3.15	3.00	2.92	2.84	2.76	2.67	2.58	2.49
20	3.23	3.09	2.94	2.86	2.78	2.69	2.61	2.52	2.42
21	3.17	3.03	2.88	2.80	2.72	2.64	2.55	2.46	2.36
22	3.12	2.98	2.83	2.75	2.67	2.58	2.50	2.40	2.31
23	3.07	2.93	2.78	2.70	2.62	2.54	2.45	2.35	2.26
24	3.03	2.89	2.74	2.66	2.58	2.49	2.40	2.31	2.21
25	2.99	2.85	2.70	2.62	2.54	2.45	2.36	2.27	2.17
26	2.96	2.81	2.66	2.58	2.50	2.42	2.33	2.23	2.13
27	2.93	2.78	2.63	2.55	2.47	2.38	2.29	2.20	2.10
28	2.90	2.75	2.60	2.52	2.44	2.35	2.26	2.17	2.06
29	2.87	2.73	2.57	2.49	2.41	2.33	2.23	2.14	2.03
30	2.84	2.70	2.55	2.47	2.39	2.30	2.21	2.11	2.01
40	2.66	2.52	2.37	2.29	2.20	2.11	2.02	1.92	1.80
60	2.50	2.35	2.20	2.12	2.03	1.94	1.84	1.73	1.60
120	2.34	2.19	2.03	1.95	1.86	1.76	1.66	1.53	1.38
∞	2.18	2.04	1.88	1.79	1.70	1.50	1.47	1.32	1.00

5 Tukey q 분포표

(A) $\alpha = 0.05$

df \ k	2	3	4	5	6	7	8	9	10
1	17.97	26.98	32.82	37.08	40.41	43.12	45.40	47.36	49.07
2	6.085	8.331	9.798	10.88	11.74	12.44	13.03	13.54	13.99
3	4.501	5.910	6.825	7.502	8.037	8.478	8.853	9.177	9.462
4	3.927	5.040	5.757	6.287	6.707	7.053	7.347	7.602	7.826
5	3.635	4.602	5.218	5.673	6.033	6.330	6.582	6.802	6.995
6	3.461	4.339	4.896	5.305	5.628	5.895	6.122	6.319	6.493
7	3.344	4.165	4.681	5.060	5.359	5.606	5.815	5.998	6.158
8	3.261	4.041	4.529	4.886	5.167	5.399	5.597	5.767	5.918
9	3.199	3.949	4.415	4.756	5.024	5.244	5.432	5.595	5.739
10	3.151	3.877	4.327	4.654	4.912	5.124	5.305	5.461	5.599
11	3.113	3.820	4.256	4.574	4.823	5.028	5.202	5.353	5.487
12	3.082	3.773	4.199	4.508	4.751	4.950	5.119	5.265	5.395
13	3.055	3.735	4.151	4.453	4.690	4.885	5.049	5.192	5.318
14	3.033	3.702	4.111	4.407	4.639	4.829	4.990	5.131	5.254
15	3.014	3.674	4.076	4.367	4.595	4.782	4.940	5.077	5.198
16	2.998	3.649	4.046	4.333	4.557	4.741	4.897	5.031	5.150
17	2.984	3.628	4.020	4.303	4.524	4.705	4.858	4.991	5.108
18	2.971	3.609	3.997	4.277	4.495	4.673	4.824	4.956	5.071
19	2.960	3.593	3.977	4.253	4.469	4.645	4.794	4.924	5.038
20	2.950	3.578	3.958	4.232	4.445	4.620	4.768	4.896	5.008
24	2.919	3.532	3.901	4.166	4.373	4.541	4.684	4.807	4.915
30	2.888	3.486	3.845	4.102	4.302	4.464	4.602	4.720	4.824
40	2.858	3.442	3.791	4.039	4.232	4.389	4.521	4.635	4.735
60	2.829	3.399	3.737	3.977	4.163	4.314	4.441	4.550	4.646
120	2.800	3.356	3.685	3.917	4.096	4.241	4.363	4.468	4.560
∞	2.772	3.314	3.633	3.858	4.030	4.170	4.286	4.387	4.474

$\alpha =$ 0.05(계속)

df \ k	11	12	13	14	15	16	17	18	19
1	50.59	51.96	53.20	54.33	55.36	56.32	57.22	58.04	58.83
2	14.39	14.75	15.08	15.38	15.65	15.91	16.14	16.37	16.57
3	9.717	9.946	10.15	10.35	10.53	10.69	10.84	10.98	11.11
4	8.027	8.208	8.373	8.525	8.664	8.794	8.914	9.028	9.134
5	7.168	7.324	7.466	7.596	7.717	7.828	7.932	8.030	8.122
6	6.649	6.789	6.917	7.034	7.143	7.244	7.338	7.426	7.508
7	6.302	6.431	6.550	6.658	6.759	6.852	6.939	7.020	7.097
8	6.054	6.175	6.287	6.389	6.483	6.571	6.653	6.729	6.802
9	5.867	5.983	6.089	6.186	6.276	6.359	6.437	6.510	6.579
10	5.722	5.833	5.935	6.028	6.114	6.194	6.269	6.339	6.405
11	5.605	5.713	5.811	5.901	5.984	6.062	6.134	6.202	6.265
12	5.511	5.615	5.710	5.798	5.878	5.953	6.023	6.089	6.151
13	5.431	5.533	5.625	5.711	5.789	5.862	5.931	5.995	6.055
14	5.364	5.463	5.554	5.637	5.714	5.786	5.852	5.915	5.974
15	5.306	5.404	5.493	5.574	5.649	5.720	5.785	5.846	5.904
16	5.256	5.352	5.439	5.520	5.593	5.662	5.727	5.786	5.843
17	5.212	5.307	5.392	5.471	5.544	5.612	5.675	5.734	5.790
18	5.174	5.267	5.352	5.429	5.501	5.568	5.630	5.688	5.743
19	5.140	5.231	5.315	5.391	5.462	5.528	5.589	5.647	5.701
20	5.108	5.199	5.282	5.357	5.427	5.493	5.553	5.610	5.663
24	5.012	5.099	5.179	5.251	5.319	5.381	5.439	5.494	5.545
30	4.917	5.001	5.077	5.147	5.211	5.271	5.327	5.379	5.429
40	4.824	4.904	4.977	5.044	5.106	5.163	5.216	5.266	5.313
60	4.732	4.808	4.878	4.942	5.001	5.056	5.107	5.154	5.199
120	4.641	4.714	4.781	4.842	4.898	4.950	4.998	5.044	5.086
∞	4.552	4.622	4.685	4.743	4.796	4.845	4.891	4.934	4.974

$\alpha = 0.05$(계속)

df \ k	20	22	24	26	28	30	32	34	36
1	59.56	60.91	62.12	63.22	64.23	65.15	66.01	66.81	67.56
2	16.77	17.13	17.45	17.75	18.02	18.27	18.50	18.72	18.92
3	11.24	11.47	11.68	11.87	12.05	12.21	12.36	12.50	12.63
4	9.233	9.418	9.584	9.736	9.875	10.00	10.12	10.23	10.34
5	8.208	8.368	8.512	8.643	8.764	8.875	8.979	9.075	9.165
6	7.587	7.730	7.861	7.979	8.088	8.189	8.283	8.370	8.452
7	7.170	7.303	7.423	7.533	7.634	7.728	7.814	7.895	7.972
8	6.870	6.995	7.109	7.212	7.307	7.395	7.477	7.554	7.625
9	6.644	6.763	6.871	6.970	7.061	7.145	7.222	7.295	7.363
10	6.467	6.582	6.686	6.781	6.868	6.948	7.023	7.093	7.159
11	6.326	6.436	6.536	6.628	6.712	6.790	6.863	6.930	6.994
12	6.209	6.317	6.414	6.503	6.585	6.660	6.731	6.796	6.858
13	6.112	6.217	6.312	6.398	6.478	6.551	6.620	6.684	6.744
14	6.029	6.132	6.224	6.309	6.387	6.459	6.526	6.588	6.647
15	5.958	6.059	6.149	6.233	6.309	6.379	6.445	6.506	6.564
16	5.897	5.995	6.084	6.166	6.241	6.310	6.374	6.434	6.491
17	5.842	5.940	6.027	6.107	6.181	6.249	6.313	6.372	6.427
18	5.794	5.890	5.977	6.055	6.128	6.195	6.258	6.316	6.371
19	5.752	5.846	5.932	6.009	6.081	6.147	6.209	6.267	6.321
20	5.714	5.807	5.891	5.968	6.039	6.104	6.165	6.222	6.275
24	5.594	5.683	5.764	5.838	5.906	5.968	6.027	6.081	6.132
30	5.475	5.561	5.638	5.709	5.774	5.833	5.889	5.941	5.990
40	5.358	5.439	5.513	5.581	5.642	5.700	5.753	5.803	5.849
60	5.241	5.319	5.389	5.453	5.512	5.566	5.617	5.664	5.708
120	5.126	5.200	5.266	5.327	5.382	5.434	5.481	5.526	5.568
∞	5.012	5.081	5.144	5.201	5.253	5.301	5.346	5.388	5.427

(B) $\alpha = 0.01$

df \ k	2	3	4	5	6	7	8	9	10
1	90.03	135.0	164.3	185.6	202.2	215.8	227.2	237.0	245.6
2	14.04	19.02	22.29	24.72	26.63	28.20	29.53	30.68	31.69
3	8.261	10.62	12.17	13.33	14.24	15.00	15.64	16.20	16.69
4	6.512	8.120	9.173	9.958	10.58	11.1	11.55	11.93	12.27
5	5.702	6.976	7.804	8.421	8.913	9.321	9.669	9.972	10.24
6	5.243	6.331	7.033	7.556	7.973	8.318	8.613	8.869	9.097
7	4.949	5.919	6.543	7.005	7.373	7.679	7.939	8.166	8.368
8	4.746	5.635	6.204	6.625	6.960	7.237	7.474	7.681	7.863
9	4.596	5.428	5.957	6.348	6.658	6.915	7.134	7.325	7.495
10	4.482	5.270	5.769	6.136	6.428	6.669	6.875	7.055	7.213
11	4.392	5.146	5.621	5.970	6.247	6.476	6.672	6.842	6.992
12	4.320	5.046	5.502	5.836	6.101	6.321	6.507	6.670	6.814
13	4.260	4.964	5.404	5.727	5.981	6.192	6.372	6.528	6.667
14	4.210	4.895	5.322	5.634	5.881	6.085	6.258	6.409	6.543
15	4.168	4.836	5.252	5.556	5.796	5.994	6.162	6.309	6.439
16	4.131	4.786	5.192	5.489	5.722	5.915	6.079	6.222	6.349
17	4.099	4.742	5.140	5.430	5.659	5.847	6.007	6.147	6.270
18	4.071	4.703	5.094	5.379	5.603	5.788	5.944	6.081	6.201
19	4.046	4.670	5.054	5.334	5.554	5.735	5.889	6.022	6.141
20	4.024	4.639	5.018	5.294	5.510	5.688	5.839	5.970	6.087
24	3.956	4.546	4.907	5.168	5.374	5.542	5.685	5.809	5.919
30	3.889	4.455	4.799	5.048	5.242	5.401	5.536	5.653	5.756
40	3.825	4.367	4.696	4.931	5.114	5.265	5.392	5.502	5.599
60	3.762	4.282	4.595	4.818	4.991	5.133	5.253	5.356	5.447
120	3.702	4.200	4.497	4.709	4.872	5.005	5.118	5.214	5.299
∞	3.643	4.120	4.403	4.603	4.757	4.882	4.987	5.078	5.157

$\alpha = 0.01$(계속)

df \ k	11	12	13	14	15	16	17	18	19
1	253.2	260.0	266.2	271.8	277.0	281.8	286.3	290.4	294.3
2	32.59	33.40	34.13	34.81	35.43	36.00	36.53	37.03	37.50
3	17.13	17.53	17.89	18.22	18.52	18.81	19.07	19.32	19.55
4	12.57	12.84	13.09	13.32	13.53	13.73	13.91	14.08	14.24
5	10.48	10.70	10.89	11.08	11.24	11.40	11.55	11.68	11.81
6	9.301	9.485	9.653	9.808	9.951	10.08	10.21	10.32	10.43
7	8.548	8.711	8.860	8.997	9.124	9.242	9.353	9.456	9.554
8	8.027	8.176	8.312	8.436	8.552	8.659	8.760	8.854	8.943
9	7.647	7.784	7.910	8.025	8.132	8.232	8.325	8.412	8.495
10	7.356	7.485	7.603	7.712	7.812	7.906	7.993	8.076	8.153
11	7.128	7.250	7.362	7.465	7.560	7.649	7.732	7.809	7.883
12	6.943	7.060	7.167	7.265	7.356	7.441	7.520	7.594	7.665
13	6.791	6.903	7.006	7.101	7.188	7.269	7.345	7.417	7.485
14	6.664	6.772	6.871	6.962	7.047	7.126	7.199	7.268	7.333
15	6.555	6.660	6.757	6.845	6.927	7.003	7.074	7.142	7.204
16	6.462	6.564	6.658	6.744	6.823	6.898	6.967	7.032	7.093
17	6.381	6.480	6.572	6.656	6.734	6.806	6.873	6.937	6.997
18	6.310	6.407	6.497	6.579	6.655	6.725	6.792	6.854	6.912
19	6.247	6.342	6.430	6.510	6.585	6.654	6.719	6.780	6.837
20	6.191	6.285	6.371	6.450	6.523	6.591	6.654	6.714	6.771
24	6.017	6.106	6.186	6.261	6.330	6.394	6.453	6.510	6.563
30	5.849	5.932	6.008	6.078	6.143	6.203	6.259	6.311	6.361
40	5.686	5.764	5.835	5.900	5.961	6.017	6.069	6.119	6.165
60	5.528	5.601	5.667	5.728	5.785	5.837	5.886	5.931	5.974
120	5.375	5.443	5.505	5.562	5.614	5.662	5.708	5.750	5.790
∞	5.227	5.290	5.348	5.400	5.448	5.493	5.535	5.574	5.611

$\alpha = 0.01$(계속)

df \ k	20	22	24	26	28	30	32	34	36
1	298.0	304.7	310.8	316.3	321.3	326.0	330.3	334.3	338.0
2	37.95	38.76	39.49	40.15	40.76	41.32	41.84	42.33	42.78
3	19.77	20.17	20.53	20.86	21.16	21.44	21.70	21.95	22.17
4	14.40	14.68	14.93	15.16	15.37	15.57	15.75	15.92	16.08
5	11.93	12.16	12.36	12.54	12.71	12.87	13.02	13.15	13.28
6	10.54	10.73	10.91	11.06	11.21	11.34	11.47	11.58	11.69
7	9.646	9.815	9.970	10.11	10.24	10.36	10.47	10.58	10.67
8	9.027	9.182	9.322	9.450	9.569	9.678	9.779	9.874	9.964
9	8.573	8.717	8.847	8.966	9.075	9.177	9.271	9.360	9.443
10	8.226	8.361	8.483	8.595	8.698	8.794	8.883	8.966	9.044
11	7.952	8.080	8.196	8.303	8.400	8.491	8.575	8.654	8.728
12	7.731	7.853	7.964	8.066	8.159	8.246	8.327	8.402	8.473
13	7.548	7.665	7.772	7.870	7.960	8.043	8.121	8.193	8.262
14	7.395	7.508	7.611	7.705	7.792	7.873	7.948	8.018	8.084
15	7.264	7.374	7.474	7.566	7.650	7.728	7.800	7.869	7.932
16	7.152	7.258	7.356	7.445	7.527	7.602	7.673	7.739	7.802
17	7.053	7.158	7.253	7.340	7.420	7.493	7.563	7.627	7.687
18	6.968	7.070	7.163	7.247	7.325	7.398	7.465	7.528	7.587
19	6.891	6.992	7.082	7.166	7.242	7.313	7.379	7.440	7.498
20	6.823	6.922	7.011	7.092	7.168	7.237	7.302	7.362	7.419
24	6.612	6.705	6.789	6.865	6.936	7.001	7.062	7.119	7.173
30	6.407	6.494	6.572	6.644	6.710	6.772	6.828	6.881	6.932
40	6.209	6.289	6.362	6.429	6.490	6.547	6.600	6.650	6.697
60	6.015	6.090	6.158	6.220	6.277	6.330	6.378	6.424	6.467
120	5.827	5.897	5.959	6.016	6.069	6.117	6.162	6.204	6.244
∞	5.645	5.709	5.766	5.818	5.866	5.911	5.952	5.990	6.026

6 χ^2 분포표

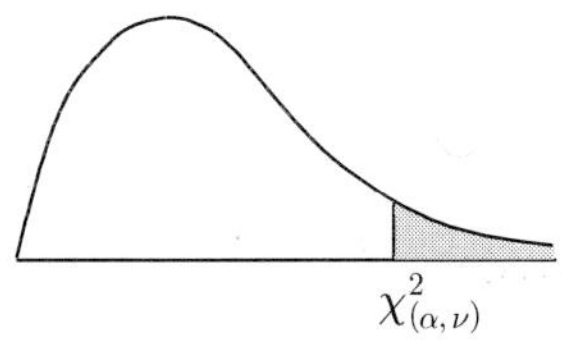

df \ α	.005	.010	.025	.050	.100	.900	.950	.975	.990	.995
1	7.8794	6.6349	5.0239	3.8415	2.7055	0.0158	0.0039	0.0010	0.0002	0.0000
2	10.5966	9.2103	7.3778	5.9915	4.6052	0.2107	0.1026	0.0506	0.0201	0.0100
3	12.8382	11.3449	9.3484	7.8147	6.2514	0.5844	0.3518	0.2158	0.1148	0.0717
4	14.8603	13.2767	11.1433	9.4877	7.7794	1.0636	0.7107	0.4844	0.2971	0.2070
5	16.7496	15.0863	12.8325	11.0705	9.2364	1.6103	1.1455	0.8312	0.5543	0.4117
6	18.5476	16.8119	14.4494	12.5916	10.6446	2.2041	1.6354	1.2373	0.8721	0.6757
7	20.2777	18.4753	16.0128	14.0671	12.0170	2.8331	2.1673	1.6899	1.2390	0.9893
8	21.9550	20.0902	17.5345	15.5073	13.3616	3.4895	2.7326	2.1797	1.6465	1.3444
9	23.5894	21.6660	19.0228	16.9190	14.6837	4.1682	3.3251	2.7004	2.0879	1.7349
10	25.1882	23.2093	20.4832	18.3070	15.9872	4.8652	3.9403	3.2470	2.5582	2.1559
11	26.7568	24.7250	21.9200	19.6751	17.2750	5.5778	4.5748	3.8157	3.0535	2.6032
12	28.2995	26.2170	23.3367	21.0261	18.5493	6.3038	5.2260	4.4038	3.5706	3.0738
13	29.8195	27.6882	24.7356	22.3620	19.8119	7.0415	5.8919	5.0088	4.1069	3.5650
14	31.3193	29.1412	26.1189	23.6848	21.0641	7.7895	6.5706	5.6287	4.6604	4.0747
15	32.8013	30.5779	27.4884	24.9958	22.3071	8.5468	7.2609	6.2621	5.2293	4.6009
16	34.2672	31.9999	28.8454	26.2962	23.5418	9.3122	7.9616	6.9077	5.8122	5.1422
17	35.7185	33.4087	30.1910	27.5871	24.7690	10.0852	8.6718	7.5642	6.4078	5.6972
18	37.1565	34.8053	31.5264	28.8693	25.9894	10.8649	9.3905	8.2307	7.0149	6.2648
19	38.5823	36.1909	32.8523	30.1435	27.2036	11.6509	10.1170	8.9065	7.6327	6.8440
20	39.9968	37.5662	34.1696	31.4104	28.4120	12.4426	10.8508	9.5908	8.2604	7.4338
21	41.4011	38.9322	35.4789	32.6706	29.6151	13.2396	11.5913	10.2829	8.8972	8.0337
22	42.7957	40.2894	36.7807	33.9244	30.8133	14.0415	12.3380	10.9823	9.5425	8.6427
23	44.1813	41.6384	38.0756	35.1725	32.0069	14.8480	13.0905	11.6886	10.1957	9.2604
24	45.5585	42.9798	39.3641	36.4150	33.1962	15.6587	13.8484	12.4012	10.8564	9.8862
25	46.9279	44.3141	40.6465	37.6525	34.3816	16.4734	14.6114	13.1197	11.5240	10.5197
26	48.2899	45.6417	41.9232	38.8851	35.5632	17.2919	15.3792	13.8439	12.1981	11.1602
27	49.6449	46.9629	43.1945	40.1133	36.7412	18.1139	16.1514	14.5734	12.8785	11.8076
28	50.9934	48.2782	44.4608	41.3371	37.9159	18.9392	16.9279	15.3079	13.5647	12.4613
29	52.3356	49.5879	45.7223	42.5570	39.0875	19.7677	17.7084	16.0471	14.2565	13.1211
30	53.6720	50.8922	46.9792	43.7730	40.2560	20.5992	18.4927	16.7908	14.9535	13.7867
40	66.7659	63.6907	59.3417	55.7585	51.8051	29.0505	26.5093	24.4331	22.1643	20.7065
50	79.4900	76.1539	71.4202	67.5048	63.1671	37.6886	34.7642	32.3574	29.7067	27.9907
60	91.9517	88.3794	83.2976	79.0819	74.3970	46.4589	43.1879	40.4817	37.4848	35.5346
70	104.215	100.425	95.0231	90.5312	85.5270	55.3289	51.7393	48.7576	45.4418	43.2752
80	116.321	112.329	106.629	101.879	96.5782	64.2778	60.3915	57.1532	53.5400	51.1720
90	128.299	124.116	118.136	113.145	107.565	73.2911	69.1260	65.6466	61.7541	59.1963
100	140.169	135.807	129.561	124.342	118.498	82.3581	77.9295	74.2219	70.0648	67.3276

7 Mann-Whitney U 분포표

(A) 유의도 수준 0.05 양측검정($\alpha = 0.05$)

$n1$ \ $n2$	2	3	4	5	6	7	8	9	10	11	12	13	14	15	16	17	18	19	20
2							0	0	0	0	1	1	1	1	1	2	2	2	2
3				0	1	1	2	2	3	3	4	4	5	5	6	6	7	7	8
4			0	1	2	3	4	4	5	6	7	8	9	10	11	11	12	13	14
5		0	1	2	3	5	6	7	8	9	11	12	13	14	15	17	18	19	20
6		1	2	3	5	6	7	10	11	13	14	16	17	19	21	22	24	25	27
7		1	3	5	6	8	10	12	14	16	18	20	22	24	26	28	30	32	34
8	0	2	4	6	7	10	13	15	17	19	22	24	26	29	31	34	36	38	41
9	0	2	4	7	10	12	15	17	20	23	26	28	31	34	37	39	42	45	48
10	0	3	5	8	11	14	17	20	23	26	29	33	36	39	42	45	48	52	55
11	0	3	6	9	13	16	19	23	26	30	33	37	40	44	47	51	55	58	62
12	1	4	7	11	14	18	22	26	29	33	37	41	45	49	53	57	61	65	69
13	1	4	8	12	16	20	24	28	33	37	41	45	50	54	59	63	67	72	76
14	1	5	9	13	17	22	26	31	36	40	45	50	55	59	64	67	74	78	83
15	1	5	10	14	19	24	29	34	39	44	49	54	59	64	70	75	80	85	90
16	1	6	11	15	21	26	31	37	42	47	53	59	64	70	75	81	86	92	98
17	2	6	11	17	22	28	34	39	45	51	57	63	67	75	81	87	93	99	105
18	2	7	12	18	24	30	36	42	48	55	61	67	74	80	86	93	99	106	112
19	2	7	13	19	25	32	38	45	52	58	65	72	78	85	92	99	106	113	119
20	2	8	13	20	27	34	41	48	55	62	69	76	83	90	98	105	112	119	127

(B) 유의도 수준 0.10 양측검정($\alpha = 0.10$)

$n1$ \ $n2$	2	3	4	5	6	7	8	9	10	11	12	13	14	15	16	17	18	19	20
2				0	0	0	1	1	1	1	2	2	3	3	3	3	4	4	4
3		0	0	1	2	2	3	4	4	5	5	6	7	7	8	9	9	10	11
4		0	1	2	3	4	5	6	7	8	9	10	11	12	14	15	16	17	18
5	0	1	2	4	5	6	8	9	11	12	13	15	16	18	19	20	22	23	25
6	0	2	3	5	7	8	10	12	14	16	17	19	21	23	25	26	28	30	32
7	0	2	4	6	8	11	13	15	17	19	21	24	26	28	30	33	35	37	39
8	1	3	5	8	10	13	15	18	20	23	26	28	31	33	36	39	41	44	47
9	1	4	6	9	12	15	18	21	24	27	30	33	36	39	42	45	48	51	54
10	1	4	7	11	14	17	20	24	27	31	34	37	41	44	48	51	55	58	62
11	1	5	8	12	16	19	23	27	31	34	38	42	46	50	54	57	61	65	69
12	2	5	9	13	17	21	26	30	34	38	42	47	51	55	60	64	48	72	77
13	2	6	10	15	19	24	28	33	37	42	47	51	56	61	65	70	75	80	84
14	3	7	11	16	21	26	31	36	41	46	51	56	61	66	71	77	82	87	92
15	3	7	12	18	23	28	33	39	44	50	55	61	66	72	77	83	88	94	100
16	3	8	14	19	25	30	36	42	48	54	60	65	71	77	83	89	95	101	107
17	3	9	15	20	26	33	39	45	51	57	64	70	77	83	89	96	102	109	115
18	4	9	16	22	28	35	41	48	55	61	68	75	82	88	95	102	109	116	123
19	4	10	17	23	30	37	44	51	58	65	72	80	87	94	101	109	116	123	130
20	4	11	18	25	32	39	47	54	62	69	77	84	92	100	107	115	123	130	138

8 Wilcoxon T 분포표

양측검정 α 기준(단측검정시는 양측검정기준 2α 값 사용)

n \ α	0.001	0.005	0.01	0.025	0.05	0.10	0.20
5						0	2
6					0	2	3
7				0	2	3	5
8			0	2	3	5	8
9		0	1	3	5	8	10
10		1	3	5	8	10	14
11	0	3	5	8	10	13	17
12	1	5	7	10	13	17	21
13	2	7	9	13	17	21	26
14	4	9	12	17	21	25	31
15	6	12	15	20	25	30	36
16	8	15	19	25	29	35	42
17	11	19	23	29	34	41	48
18	14	23	27	34	40	47	55
19	18	27	32	39	46	53	62
20	21	32	37	45	52	60	69
21	25	37	42	51	58	67	77
22	30	42	48	57	65	75	86
23	35	48	54	64	73	83	94
24	40	54	61	72	81	91	104
25	45	60	68	79	89	100	113
26	51	67	75	87	98	110	124
27	57	74	83	96	107	119	134

9 Friedman 분포표

n	$k=3$		$k=4$		$k=5$		$k=6$	
	α = 5%	1%	α = 5%	1%	α = 5%	1%	α = 5%	1%
2			6.000		7.600	8.000	9.143	9.71
3	6.000		7.400	9.000	8.533	10.13	9.857	11.76
4	6.500	8.000	7.800	9.600	8.800	11.20	10.29	12.71
5	6.400	8.400	7.800	9.960	8.960	11.68	10.49	13.23
6	7.000	9.000	7.600	10.20	9.067	11.87	10.57	13.62
7	7.143	8.857	7.800	10.54	9.143	12.11	10.67	13.86
8	6.250	9.000	7.650	10.50	9.200	13.20	10.71	14.00
9	6.222	9.556	7.667	10.73	9.244	12.44	10.78	14.14
10	6.200	9.600	7.680	10.68	9.280	12.48	10.80	14.23
11	6.545	9.455	7.691	10.75	9.309	12.58	10.84	14.32
12	6.500	9.500	7.700	10.80	9.333	12.60	10.86	14.38
13	6.615	9.385	7.800	10.85	9.354	12.68	10.89	14.45
14	6.143	9.143	7.714	10.89	9.371	12.74	10.90	14.49
15	6.400	8.933	7.720	10.92	9.387	12.80	10.92	14.54
16	6.500	9.375	7.800	10.95	9.400	12.80	10.96	14.57
17	6.118	9.294	7.800	10.05	9.412	12.85	10.95	14.61
18	6.333	9.000	7.733	10.93	9.422	12.89	10.95	14.63
19	6.421	9.579	7.863	11.02	9.432	12.88	11.00	14.67
20	6.300	9.300	7.800	11.10	9.400	12.92	11.00	14.66
∞	5.991	9.210	7.815	11.34	9.488	13.23	11.07	15.09

Source: Neave, H.R. and P.L.B. Worthington, 1988. Distribution-Free Tests. London: Unwin Hyman Ltd. p.395.

연습문제해답

1-1 5의 정확하한계: 4.5, 정확상한계: 5.5
5.0의 정확하한계: 4.95, 정확상한계: 5.05
5.00의 정확하한계: 4.995, 정확상한계: 5.005
5.000의 정확하한계: 4.9995, 정확상한계: 5.0005

1-2 2018년 기준 탑 10 판매 의약품
1. Humira (AbbVie) $19.9 billion
2. Revlimid (Celgene) $9.7 billion
3. Keytruda (Merck & Co.) $7.2 billion
4. Herceptin (Roche) $7.1 billion
5. Avastin (Roche) $7.0 billion
6. Rituxan (Roche) $6.9 billion
7. Opdivo (Bristol-Myers Squibb) $6.7 billion
8. Eliquis (Bristol-Myers Squibb) $6.4 billion
9. Prevnar 13 (Pfizer) $5.8 billion
10. Stelara (Johnson & Johnson) $5.2 billion

1-3 명명척도: 병원을 방문한 환자의 진료과별 분류
서열척도: 학점을 기준으로한 장학금 수혜자 선정
등간척도: 각 상품별 호감도 조사
비율척도: 시간의 측정단위

1-4 엑셀

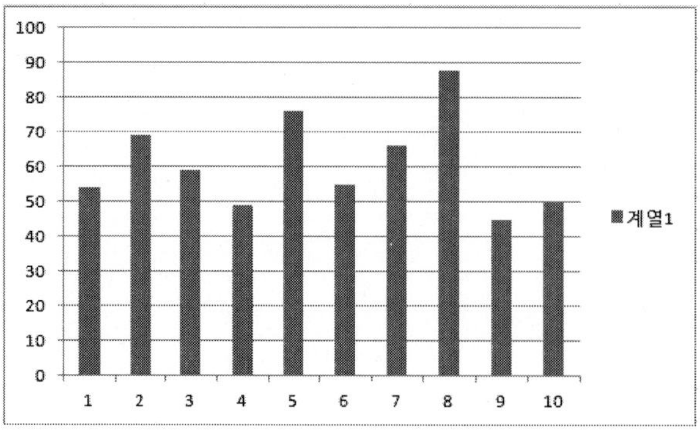

2-1 평균치 $= 11.4$

중앙치 $= (6+8)/2 = 7$

2-2 범위: $20 - 2 = 18$

사분범위: $Q_1 = (7+3)/4$ 위치의 값 $= 2.5$ 위치의 값 $= 5$

$Q_3 = (3 \times 7 + 1)/4$ 위치의 값 $= 5.5$ 위치의 값 $= 15$

사분범위 $= Q_3 - Q_1 = 10$

표준편차 $= 6.41$

2-3 변동계수 $= (3/200) \times 100 = 1.5\%$

2-4 (A) $(5+6)/2 = 5.5$

(B) 5

(C) $Q_1 = (6+3)/4$ 위치의 값 $= 2.25$ 위치값 $= 3 + 2 \times 0.25 = 3.5$

$Q_3 = (3 \times 6 + 1)/4$ 위치의 값 $= 4.75 = 6 + 1 \times 0.75 = 6.75$

사분범위 $= 3.25$

(D) 1.91

(E) $\text{CV} = (1.91/5) \times 100 = 38.2\%$

2-5 평균: =AVERAGE(B2:B11)

표준편차: =STDEV(B2:B11)

중앙치: =MEDIAN(B2:B11)

외부 데이터 가져오기

D25

	A	B	C
1	사람	체중 KG	
2		54	
3		69	
4		59	
5		49	
6		76	
7		55	
8		66	
9		88	
10		45	
11		50	
12			
13	평균	61.1	
14			
15	표준편차	13.55196	
16			
17	중앙값	57	
18			

2-6

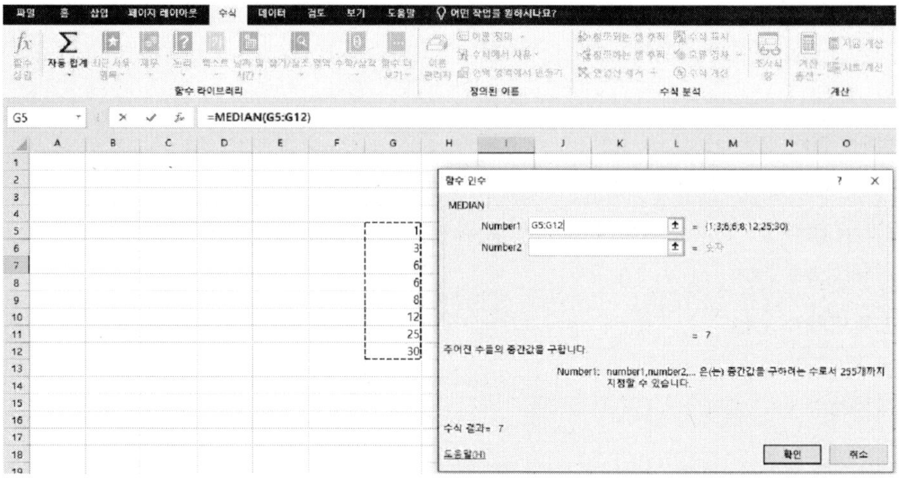

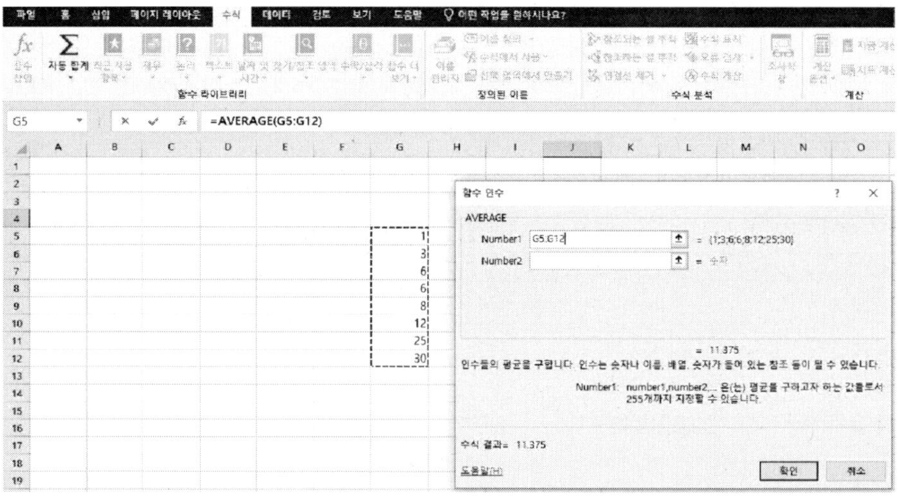

3-1 $P(0) = 6!/(0! \times 6!) \times 0.5^6 = 0.0156$

$P(1) = 6!/(1! \times 5!) \times 0.5^6 = 0.0938$

$P(2) = 6!/(2! \times 4!) \times 0.5^6 = 0.234$

$P(3) = 6!/(3! \times 3!) \times 0.5^6 = 0.313$

$P(4) = 6!/(4! \times 2!) \times 0.5^6 = 0.234$

$P(5) = 6!/(5! \times 1!) \times 0.5^6 = 0.0938$

$P(6) = 6!/(6! \times 0!) \times 0.5^6 = 0.0156$

3-2 $z = (172 - 169)/10 = 0.3$

0.3821, 즉 상위 38.21%

3-3 $z = 1.28$

$x = 169 + 1.28 \times 10 = 181.8$ cm

3-4 50% (독립사건)

3-5 $x' = 60 + (90 - 65)/20 \times 18 = 82.5$

3-6 통계함수: =STANDARDIZE(70,60,15)

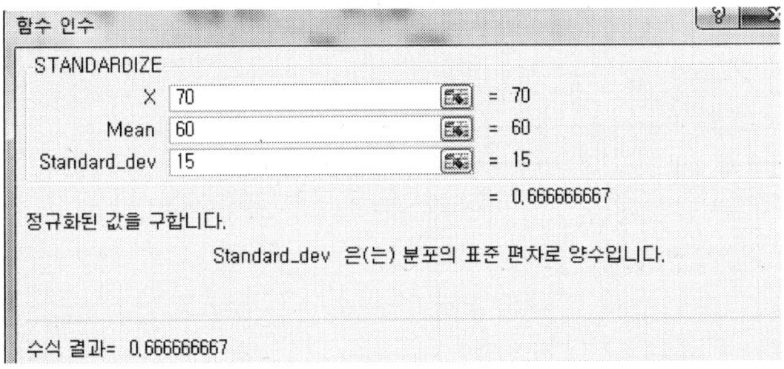

3-7

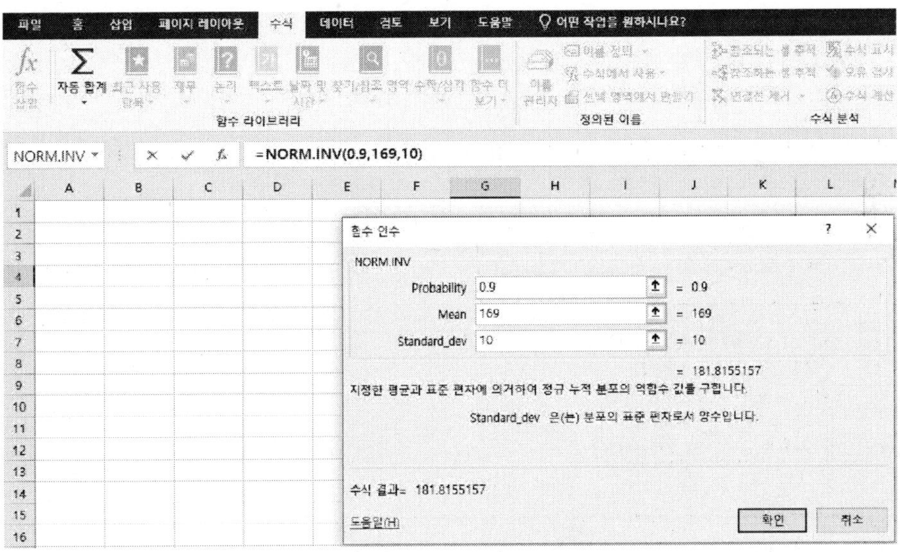

4-1

	A	B	C	D	E	F	G	H
1	요약 출력							
2								
3	회귀분석	통계량					1	2
4	다중 상관계수	0.981981					3	4
5	결정계수	0.964286					5	5
6	조정된 결정계수	0.928571						
7	표준 오차	0.408248						
8	관측수	3						
9								
10	분산 분석							
11		자유도	제곱합	제곱 평균	F 비	유의한 F		
12	회귀	1	4.5	4.5	27	0.121038		
13	잔차	1	0.166667	0.166667				
14	계	2	4.666667					
15								
16		계수	표준 오차	t 통계량	P값	하위 95%	상위 95%	
17	Y 절편	1.416667	0.493007	2.873524	2.13E-01	-4.84758	7.68091	
18	X1	0.75	0.144338	5.196152	0.121038	-1.08398	2.583983	
19								

(A) r = 0.98

(B) y = 1.41 + 0.75x

(C) 0.408

4-2 선형방정식: $y = a + bx_1 + cx_2 + dx_3$

비선형방정식: $y = a + b\log x_1 + c\sin x_2$

4-3

	A	B	C	D	E	F	G	H	I	J
1	요약 출력								체중(kg)	키(cm)
2									54	170
3	회귀분석	통계량							69	182
4	다중 상관계수	0.822028							59	176
5	결정계수	0.67573							49	162
6	조정된 결정계수	0.635197							76	177
7	표준 오차	4.995253							55	168
8	관측수	10							66	166
9									88	189
10	분산분석								45	166
11		자유도	제곱합	제곱 평균	F 비	유의한 F			50	172
12	회귀	1	415.9796	415.9796	16.67108	0.00352				
13	잔차	8	199.6204	24.95255						
14	계	9	615.6							
15										
16		계수	표준 오차	t 통계량	P값	하위 95%	상위 95%			
17	Y 절편	142.1483	7.671547	18.52929	7.40E-08	124.4577	159.839			
18	X1	0.501664	0.122867	4.082992	0.00352	0.218333	0.784995			
19										

r = 0.822

y = 142.1 + 0.502x

5-1 난수표 4698, 4253, 3290, 503, 3162, 1737, 7704, 5242, 4917, 7983

5-2 $40-1.96\times 20/\sqrt{50} \leq \mu \leq 40+1.96\times 20/\sqrt{50}$

$34.46 \leq \mu \leq 45.54$

5-3 난수생성: =randbetween(1000,9999)

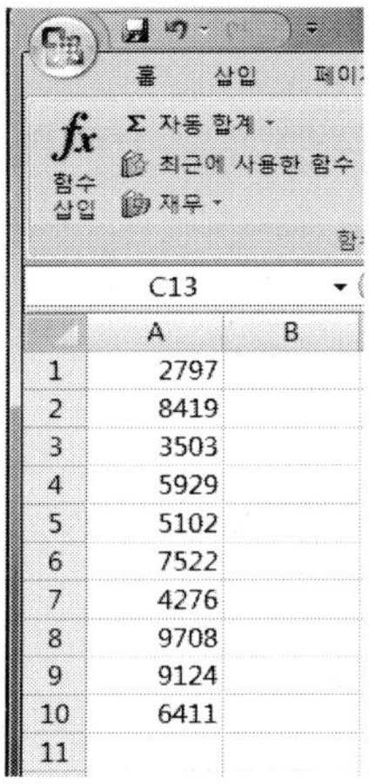

6-1 제1종 오류: 실제 효과는 없지만 효과가 있는 것으로 나옴.

제2종 오류: 실제 효과가 있지만 효과가 없는 것으로 나옴.

6-2 양측검정 기각역 $z > +1.96$, $z < -1.96$

단측검정 기각역 $z > +1.645$

6-3 (A) 유의도 수준 $\alpha = 0.05$에서 양측검정 $z_{기준} = 1.96$

유의도 수준 $\alpha = 0.05$에서 단측검정 $z_{기준} = 1.645$

$z_{실험} = (110-100)/(15/\sqrt{10}) = 2.11$

귀무가설 기각, 두 경우 모두 효과가 있음.

(B) 유의도 수준 $\alpha = 0.01$에서 양측검정 $z_{기준} = 2.58$

유의도 수준 $\alpha = 0.01$에서 단측검정 $z_{기준} = 2.33$

$z_{실험} = (110-100)/(15/\sqrt{10}) = 2.11$

귀무가설 채택, 두 경우 모두 효과가 없음.

6-4 유의도 수준 $\alpha = 0.05$에서 양측검정 $z_{기준} = 1.96$

유의도 수준 $\alpha = 0.05$에서 단측검정 $z_{기준} = 1.645$

$p = 17/50 = 0.34, P = 0.23$

$z_{실험} = (0.34 - 0.23)/\sqrt{0.23(1-0.23)/50} = 1.85$

유의도 수준 $\alpha = 0.05$ 양측검정에서는 여론조사가 옳음.

유의도 수준 $\alpha = 0.05$ 단측검정에서는 자체조사가 옳음.

6-5 (A) $z_{실험} = (69 - 60)/(15/\sqrt{9}) = 1.8$

$z_{실험} < z_{기준}(1.96)$ 귀무가설 채택, 우수하지 않다.

(B) $z_{실험} < z_{기준}(1.645)$ 귀무가설 기각, 현재의 학생이 우수하다.

(C) $z_{실험} < z_{기준}(2.58)$ 귀무가설 채택, 우수하지 않다.

6-6 $168.43 \le \mu \le 171.96$

6-7 단계 1 단측검정

$H_0 : \mu_1 = \mu_2$

$H_1 : \mu_1 > \mu_2$

단계 2 단측검정

$z > +1.645$

단계 3 $z = (65 - 56)/\sqrt{\dfrac{20^2}{50} + \dfrac{30^2}{30}} = 1.46$

단계 4 $z_{실험값} 1.46 < z_{기준값} 1.645$

귀무가설 채택, 두 학과는 성적이 동일하다.

6-8 신뢰도수준 90%, $\alpha = 0.1$

단계 1 $H_0 : \mu_1 - \mu_2 = 0$

$H_1 : \mu_1 - \mu_2 > 0$

단계 2 90% 신뢰도구간

$z = 1.645$

$(\overline{x}_1 - \overline{x}_2) - z\sqrt{(\sigma_1^2/n_1) + (\sigma_2^2/n_2)} = (65 - 56) - 1.645\sqrt{20^2/50 + 30^2/30)} = -1.14$

$(\overline{x}_1 - \overline{x}_2) + z\sqrt{(\sigma_1^2/n_1) + (\sigma_2^2/n_2)} = 19.14$

$-1.14 \le \mu_1 - \mu_2 \le 19.14$

단계 3 귀무가설 $H_0 : \mu_1 - \mu_2 = 0$는 구간범위 내에 존재하므로 귀무가설을 채택한다.

즉, 두 학과의 성적차이는 없다.

6-9 통계함수: =NORMDIST(110,100, 4.74, TRUE)

$x=110$, mean$=100$, stand dev$=15/\sqrt{10}=4.74$, 결괏값$=0.982558$

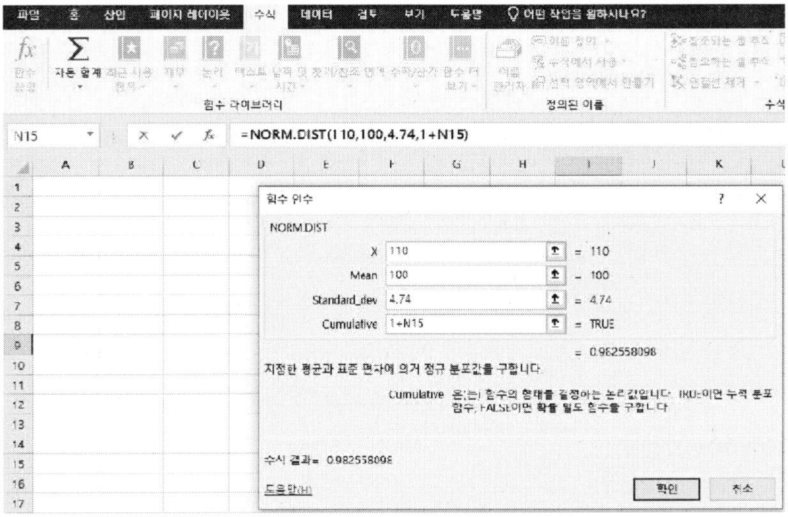

(A) 유의도 수준 $\alpha=0.05$에서 양측검정 $0.982558>0.975$ 효과 있음.
유의도 수준 $\alpha=0.05$에서 단측검정 $0.982558>0.95$ 효과 있음.

(B) 유의도 수준 $\alpha=0.01$에서 양측검정 $0.982558<0.995$ 효과 없음.
유의도 수준 $\alpha=0.01$에서 단측검정 $0.982558<0.99$ 효과 없음.

7-1 $z=(\overline{x}-\mu)/(\sigma/\sqrt{n})$

$t=(\overline{x}-\mu)/(s/\sqrt{n})$

7-2 (A) 양측검정: $t_{기준}(8, 0.025)=2.306$

단측검정: $t_{기준}(8, 0.05)=1.86$

$t_{실험}=(120-100)/(30/\sqrt{9})=2.0$

유의도 수준 $\alpha=0.05$에서 양측검정: $t_{실험}\ 2.0<2.306$ 효과 없음.

유의도 수준 $\alpha=0.05$에서 단측검정: $t_{실험}\ 2.0>1.86$ 효과 있음.

(B) 양측검정: $t_{기준}(8, 0.005)=3.355$

단측검정: $t_{기준}(8, 0.01)=2.896$

$t_{실험}=(120-100)/(30/\sqrt{9})=2.0$

유의도 수준 $\alpha=0.01$에서 양측검정: $t_{실험}\ 2.0<3.355$ 효과 없음.

유의도 수준 $\alpha=0.01$에서 단측검정: $t_{실험}\ 2.0<2.896$ 효과 없음.

7-3 자유도$=(1.92^2/5+1.52^2/5)^2/\{(1.92^2/5)^2/4+(1.52^2/5)^2/4\}=7.59$

자유도는 8, $t_{기준}(8, 0.05/2)=2.306$

$s_{x1x2}=1.10$

$t_{실험}=(5.8-3.4)/1.10=2.18$

$t_{실험}\ 2.18<2.306$

신약후보물질은 효과가 없다.

7-4 $t_{기준}(29, 0.025)=2.045$

$t_{실험}=(50-43)/(20/\sqrt{30})=1.92$

$t_{실험}<t_{기준}$ 효과 없다.

7-5 단측검정 $t_{기준}(24, 0.05)=1.711$

$t_{실험}=(40-30)/(50/\sqrt{25})=1.0$

$t_{실험}\ 1.0<1.711$

방의 벽지는 머무름에 차이가 없다.

7-6 $t(3, \frac{0.05}{2})=3.182$

$s/\sqrt{n}=\sqrt{(6.0-6.05)^2+(6.0-6.05)^2+(6.1-6.05)^2+(6.1-6.05)^2/\{(4-1)\times 4\}}=0.029$

pH의 범위: $6.05\pm 3.182\times 0.029=6.05\pm 0.092$

7-7 $H_0: \mu_1=60$

$H_0: \mu_1\neq 60$

신뢰구간 95% 양측검정 $t(19, 0.025)=2.093$

$66-2.093\times 20/\sqrt{20}\leq \mu_1-\mu_2\leq 66+2.093\times 20/\sqrt{20}$

$56.64\leq \mu_1-\mu_2\leq 75.36$

$H_0: \mu_1=60$은 신뢰구간 범위 내에 있으므로 올해 학생의 성적은 전년과 동일하다.

7-8 $H_0: \mu_1-\mu_2=0$

$H_1: \mu_1-\mu_2\neq 0$

$t(14+13-2, 0.05/2)=2.06$

$S_p^2=(13\times 20^2+12\times 10^2)/25=256$

$S_p=16$

$(x_1 - x_2) - t\,S_p \cdot \sqrt{(1/n_1) + (1/n_2)} = (80 - 78) - 2.06 \times 16 \times \sqrt{(1/14 + 1/13)} = -10.70$

$(x_1 - x_2) + t\,S_q \sqrt{(s_1^2/n_1) + (s_2^2/n_2)} = 14.70$

$-10.70 < \mu_1 - \mu_2 < 14.70$

$\mu_1 - \mu_2 = 0$는 95% 신뢰구간 내에 존재하므로 귀무가설 채택한다.

즉, 두 물질의 약효는 동일하다.

7-9

	A	B	C	D	E	F
1	t-검정: 이분산 가정 두집단					
2						
3		변수1	변수2		신약후보	위약
4	평균	5.8	3.4		7	3
5	분산	3.7	2.3		8	5
6	관측수	5	5		6	2
7	가설평균	0			5	2
8	자유도	8			3	5
9	t 통계량	2.19089				
10	P(T<=t) 단측	0.029919				
11	t 기각치 단측	1.859548				
12	P(T<=t) 양측	0.059838				
13	t 기각치 양측	2.306004				
14						

t 통계량 2.19는 양측검정 t 기각치 2.306보다 작으므로
신약후보물질은 효과가 없다.

7-10

	A	B	C	D	E	F
1	t-검정: 이분산 가정 두집단					
2						
3		변수1	변수2		신약후보	위약
4	평균	9.8	11		6	9
5	분산	4.844444	16.44444		10	9
6	관측수	10	10		9	7
7	공동	10.64444			13	8
8	가설평균	0			7	16
9	자유도	18			9	8
10	t 통계량	-0.8224			10	16
11	P(T<=t) 단측	0.210794			12	17
12	t 기각치 단측	1.734064			12	13
13	P(T<=t) 양측	0.421588			10	7
14	t 기각치 양측	2.100922				
15						

t 통계량 -0.822가 양측검정 t 기각치 2.10보다 작으므로
신약후보물질은 효과가 없다.

8-1 (A) $df_1 = 3-1 = 2, df_2 = 9-3 = 6$

$F_{기준}(2, 6) = 5.143$

$MS_b = \{(5^2 + 15^2 + 40^2)/3 - 60^2/9\}/2 = 108.33$

$MS_w = (10+10+15)/(9-3) = 5.83$

$F_{실험} = \dfrac{108.33}{5.83} = 18.53$

$F_{실험} > F_{기준}$

적어도 하나의 신물질은 서로 다르다.

(B) $q(3, 6) = 4.339$

$\text{HSD} = 4.339 \times \sqrt{5.83/3} = 6.05$

A물질－위약의 평균차$= 15/3 - 5/3 = 3.33 < 6.05$

A물질은 약효가 없다.

B물질－위약의 평균차$= 40/3 - 5/3 = 11.67 > 6.05$

따라서 B물질만 약효가 있다.

8-2 (A) $df_1 = 3-1 = 2, df_2 = 15-3 = 12$

$F_{기준}(2, 12) = 3.89$

$MS_b = \{(10^2 + 24^2 + 40^2)/5 - 74^2/15\}/2 = 45.07$

$MS_w = (25+30+50)/(15-3) = 8.75$

$F_{실험} = 45.07/8.75 = 5.15$

$F_{실험} > F_{기준}$

적어도 하나의 신물질은 서로 다르다.

(B) 위약－약 B

$F_{기준}(2, 12) = 3.89$

$MS_b{}^* = \{(10^2 + 40^2)/5 - 50^2/10\}/2 = 45$

$F^* = 45/8.75 = 5.14$

$F^* > F_{기준}(2, 12)$, 즉 약 B는 위약과 차이가 있다.

위약－약 A

$$MS_b{}^* = \frac{\left(\frac{10^2}{5} + \frac{24^2}{5}\right) - \frac{34^2}{10}}{2} = 9.8$$

$F^* = \dfrac{9.8}{8.75} = 1.12,\ F^* < F_{기준}(2, 12)$

A는 효과가 없다.

8-3

	A	B	C	D	E	F	G	H	I	J	K
1	분산 분석: 일원 배치법										
2								A	B	C	D
3	요약표							3	5	9	7.6
4	인자의 수준	관측수	합	평균	분산			4	6	10.4	8.2
5	Column 1	5	24	4.8	3.7			5	9	6	10
6	Column 2	5	42	8.4	8.3			4	10	11.7	12.4
7	Column 3	5	50.1	10.02	7.262			8	12	13	15
8	Column 4	5	53.2	10.64	9.428						
9											
10											
11	분산 분석										
12	변동의 요인	제곱합	자유도	제곱 평균	F 비	P-값	F 기각치				
13	처리	102.9255	3	34.3085	4.783339	0.014503	3.238872				
14	잔차	114.76	16	7.1725							
15											
16	계	217.6855	19								
17											

9-1 $\chi^2_{기준치} = 7.378$

$\chi^2_{실험치} = \{(20-13.3)^2 + (15-13.3)^2 + (5-13.3)^2\}/13.3 = 8.77$

$\chi^2_{실험치} > \chi^2_{기준치}$ 과일선호도에 차이가 있다.

9-2

학생	토익수강 전 영어 점수	토익수강 후 영어 점수	수강 후 - 수강 전 점수차	점수차 순위
1	404	380	−24	−4
2	450	470	+20	+2.5
3	480	435	−45	−6
4	490	500	+10	+1
5	700	760	+60	+7
6	790	810	+20	+2.5
7	622	650	+28	+5

$T_{기준값} = 3$

+ 순위합계: +18

− 순위합계: −10

$T_{실험값} = 10$

$T_{실험값} > T_{기준값}$이므로 귀무가설을 채택한다. 즉, 토익강좌의 효과는 없다.

9-3

학생	토익수강 전 영어 점수	토익수강 후 영어 점수	토익수강 전 순위	토익수강 후 순위
1	404	380	2	1
2	450	470	4	5
3	480	435	6	3
4	490	500	7	8
5	700	760	11	12
6	790	810	13	14
7	622	650	9	10
			R전 = 52	R후 = 53

$U_{기준값} = 11$

$U_a = 7\times7 + 7\times8/2 - 52 = 25$

$U_b = 7\times7 + 7\times8/2 - 53 = 24$

$U_{실험값} = 24$

$U_{실험값} > U_{기준값}$이므로 귀무가설을 채택한다. 즉, 토익강좌의 효과는 없다.

9-4

학생	A과	B과	A과 순위	B과 순위
1	30	55	1	4
2	40	65	2	6
3	50	75	3	7
4	60	85	5	8
			Ra = 11	Rb = 25

$U_{기준값} = 0$

$U_a = 4\times4 + 4\times5/2 - 11 = 15$

$U_a = 4\times4 + 4\times5/2 - 25 = 1$

$U_{실험값} = 1$

$U_{실험값} > U_{기준값}$이므로 귀무가설을 채택한다. 즉, A, B 반은 차이가 없다.

9-5

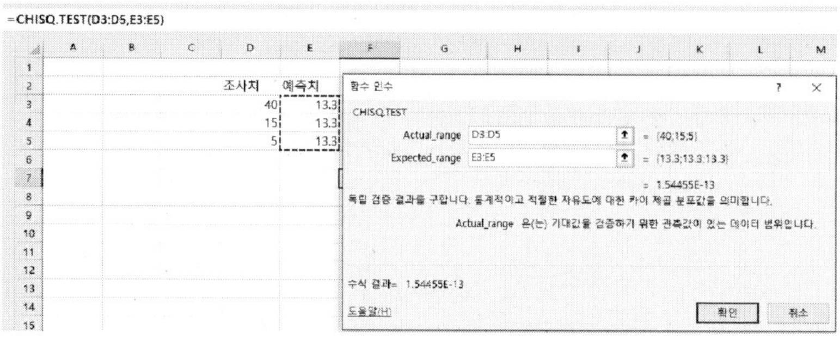

10-1 $C_p = (102-98)/6 = 0.67$
공정은 불만족스러우며 개선이 필요하다.

10-2 $\bar{x}$ 그래프
$\text{UCL} = 104 + 1.023 \times 3 = 107.07$
$\text{LCL} = 104 - 1.023 \times 3 = 100.93$

R 그래프
$\text{UCL} = 2.575 \times 3 = 7.73$
$\text{LCL} = 0$

10-3 요인결정은 변량분석을 이용하여 중요인자를 정한다.
회귀분석방법은 중요인자간의 방정식을 정하는 것으로 회귀방정식을 이용한다.

10-4 역설계란 후발기업이나 국가가 선발기업이나 선진국의 제품개발 경로를 따르지 않고 반대의 과정을 거쳐서 기술축척이나 유사한 제품을 개발하는 과정을 말한다.

11-1 $n = (1.96+0.84)^2 \times 2 \times 7^2/3^2 = 85.4$
$n' = 85.4/(1-0.15) = 100.5$
따라서 각 군당 101명이 요구되며
전체는 $101 \times 2 = 202$명의 임상시험대상자가 필요함.

11-2 $t_{0.05,\,18} = 1.734$
$\ln(\mu_T/\mu_R) = (2.24-2.38) \pm 1.734 \times \sqrt{0.018} \times \sqrt{1/10} = -0.14 \pm 0.0736$
$-0.214 \le \ln(\mu_T/\mu_R) \le -0.0664$
이것은 $-0.2231 <$ 90% 신뢰구간(AUC, Cmax)$< +0.2231$을 충족하므로
생물학적 동등성 기준을 만족한다.

참고문헌

1. 송인섭, 통계학의 기초, 학지사, 2014
2. 강승호, 신약개발에 필요한 임상통계학, 자유아카데미, 2019
3. 송문섭, 비모수통계학, 자유아카데미, 2017
4. 황성동, 심성률, 메타분석, 한나래아카데미, 2018
5. 황인창, 이대용, 이청호, 알기쉬운 통계학, 비앤엠북스, 2018
6. Wikipedia, https://en.wikipedia.org/wiki/Main_Page
7. 제약공학편찬위원회, 제약공학개론, 자유아카데미, 2016
8. 한국약학교육협의회, 의약품제조관리학, 신일서적, 2019
9. 이영주, 김윤균, 이명걸, 정석제, 이민화, 심창구, 약학회지, 44권 4호, 308-314 (2000)
10. PHARTOONZ, https://www.phartoonz.com/2019/03/28/top-10-pharmaceutical-companies-in-2019/
11. KBO, https://www.koreabaseball.com/
12. Investing.com, https://kr.investing.com/
13. 한국제약바이오협회, http://www.kpbma.or.kr/
14. 통계청, http://kostat.go.kr/portal/korea/index.action
15. 식품의약품안전처, https://www.mfds.go.kr/index.do
16. 인제대 산학협력단, 알로에 추출물을 포함하는 매니큐어 조성물, 특허등록 10-1777408호

저자 소개

김동욱
고려대학교 화학공학과 졸업
Illinois Institute of Technology, 화학공학 박사
한국화학공학회 공업화학부문 위원장
현) 인제대학교 제약공학과 교수
현) 한국제약공학회 회장

김유철
서울대학교 약학과 졸업
서울대학교 약학대학 약학과 박사
종근당 종합연구소 책임연구원
JW중외제약 C&C 신약연구소 책임연구원
현) 인제대학교 제약공학과 교수

김경순
이화여자대학교 약학과 졸업
서울대학교 약학대학 약학과 박사
현) 인제대학교 제약공학과 교수
현) 국가임상사업단 인재양성위원회 위원

Excel을 활용한 제약통계학 제2판

저 자 김동욱·김유철·김경순
발 행 인 김지영
발 행 처 자유아카데미
주 소 경기도 파주시 회동길 37-42
파주출판도시
전 화 031-955-1321
팩 스 031-955-1322
홈페이지 www.freeaca.com
전자우편 main@freeaca.com (대표)
editor@freeaca.com (편집)
crm@freeaca.com (영업)
등 록 제406-2003-017호, 1980. 7. 12
제2판1쇄 2021년 8월 10일 발행
제2판2쇄 2023년 7월 5일 발행
정 가 22,000원

저자와의
협의하에
인지생략

ISBN 979-11-5808-314-4 93310